お皿の上の生物学

小倉明彦

角川文庫
22142

目次

第3講

香りの話

第６講　食器の話

第7講　宴会料理の話

第8講　季節の食品の話

本文の▼は各講末の注、▽は巻末の参考文献の番号を表します。

第1講　味の話

原味はあるか

光の三原色って知ってるね。その三色の混合ですべての色を表せる、という色要素のことだ。つまり、赤・緑・青の三色。その証拠に、テレビやパソコンの画面は、この三色の点の組がぎっしり並んでできていて、それであらゆるシーンを再現している(図1-1)。たとえばある地点を赤100：緑100：青0の光量比で光らせれば、それを見る人にはその点が黄色く光っているように見える。うす黄色に見せたければ、赤と緑の割合を保ったまま赤50：緑50：青0のように光量を減らせばいい。赤100：緑100：青100に光らせれば白だし、赤0：緑0：青0なら黒だ。

しかし、面倒くさいことをいって悪いが、これは太陽の光がその三色の混合でできている、ということではない。太陽の光自体には、可視光の範囲では全波長ほぼ均等に含まれていて、ヒトが黄色と感じる光(波長五八〇ナノメートル〈nm〉周辺の光)も、純色でちゃんときている。しかし、ヒトの目にはその波長の光を専門に受ける受光素子がない。赤に近い長波長の光に感度の高いL錐体《すいたい》、緑に近い中波長の光に感度の高いM錐体、青に近い短波長の光に感度が高いS錐体の三種類の受光素子細胞▼1があるだけだ。

ではどうして黄色が見えるのか。それは、五八〇ナノメートルの光が、L錐体とM錐体を2：1程度に活動させるので、脳がそれを黄色の光がきたと解釈する、ということなのだ（図1－2）。つまり、色は、目ではなく脳がつけている【解説1：光と脳】。

だから、ヒト以外の動物も三原色の世界とはかぎらない。

実際、ある種の鳥類（ハトなど）は四種類以上の波長識別素子（錐体）をもち、ヒトには見えない紫外線▼2を感知していることが知られている▽1。だからたぶん四原色以上だ。しかし、その結果、世界がどんな色合いに見えているのかは、ハトになってみないとわからない。ヘビは赤外線を感知するが▽2、それをどんな色に見ているのかわからない。色ではなく、単なる光点かもしれない。一方、霊長類以外の哺乳類はむしろ二原色で、赤素子と青素子しかもたない。イヌやウシは、赤緑性の色覚の人と似た色覚を使っていると思われる（色覚がないということではない）。食べ物の色については、次の第2講でもう一度ふれよう。

音はどうだろう。何原音《げんおん》というのはあるか。答え、ない。

図1-1　液晶画面と光の三原色

右は iPad の液晶画面の拡大。左はさらに拡大。3色の発光素子が並んでいる。白部は3色ともオン、黒部は3色ともオフ。

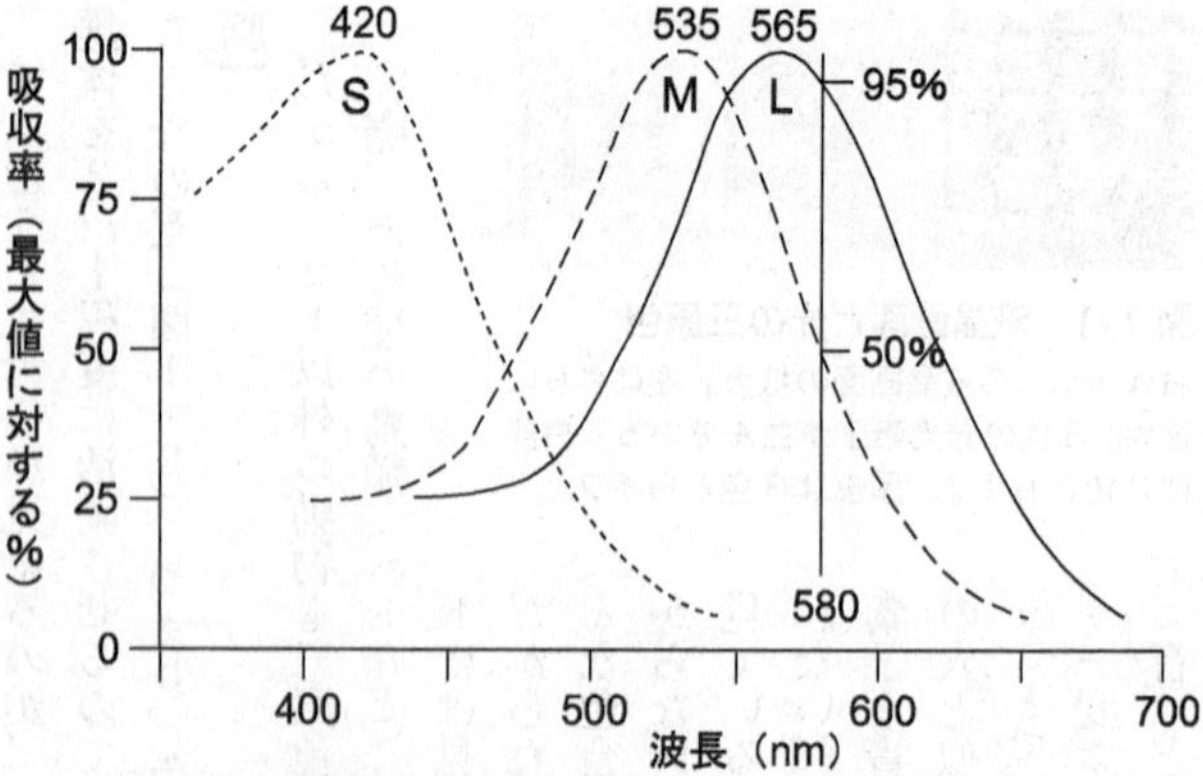

図 1-2　ヒトの目の色センサー

ヒトの網膜には３種類の色センサー（錐体）がある。短波長光センサー（S 錐体）は 420nm の藍色光に最もよく応答し、中波長光センサー（M 錐体）は 535nm の青緑色の光に最も応答するので、それぞれ青錐体、緑錐体とも呼ばれる。長波長光センサー（L 錐体）の最大吸収は 565nm の黄緑色光だが、赤色の色覚をつくる主役となるので赤錐体と呼ばれることもある。580nm の黄色光は、L 錐体と M 錐体を 95：50 の比で応答させる。逆にいえば、両錐体がこの比で活動したとき、脳で黄色の色覚が生じる。

ドとミを同時に聞かせるとレに聞こえるということはない。あくまでドミに聞こえる。

これは生物学的にはどういうことだろう。

音、つまり空気の振動は、耳で受けて鼓膜を震わせ、耳の奥（内耳《ないじ》）の蝸牛《かぎゅう》という部分のリンパ液を震わせる。蝸牛には膜が張ってあって、手前が狭く奥が広くなっている。蝸牛リンパ液の振動は、この膜のどこかと共鳴する。▽3 高い音（高振動数の振動）なら、手前側のどこかが共鳴して振動するし、低い音（低振動数の振動）なら、奥側のどこかが共鳴して振動する。するとその部分に植わっているセンサー（有毛《ゆうもう》細胞）が活動して、「自分は四四〇ヘルツ（Hz）担当細胞ですが、今その振動が来てます」と脳に報告する。すると脳が「今四四〇ヘルツ担当細胞からの報告があったから、a1（NHKの時報のポッポッポッ）だな」と解釈するという寸法である（図1-3）。

有毛細胞はみな同じで、ただ植わっている場所が違うだけ。四四〇ヘルツ担当か八八〇ヘルツ（a2＝時報のポーン）担当かは居場所の違い、四四〇ヘルツ担当細胞の隣の細胞は四四一ヘルツか四四五ヘルツ担当で、連続的だ。したがって、「何原音」は原理的に存在しない。▼3

さてさて、それではこの「料理生物学」講義の関心事、味に関してはどうだろうか。「何原味《げんみ》」ってあるのだろうか。

答え、ある。

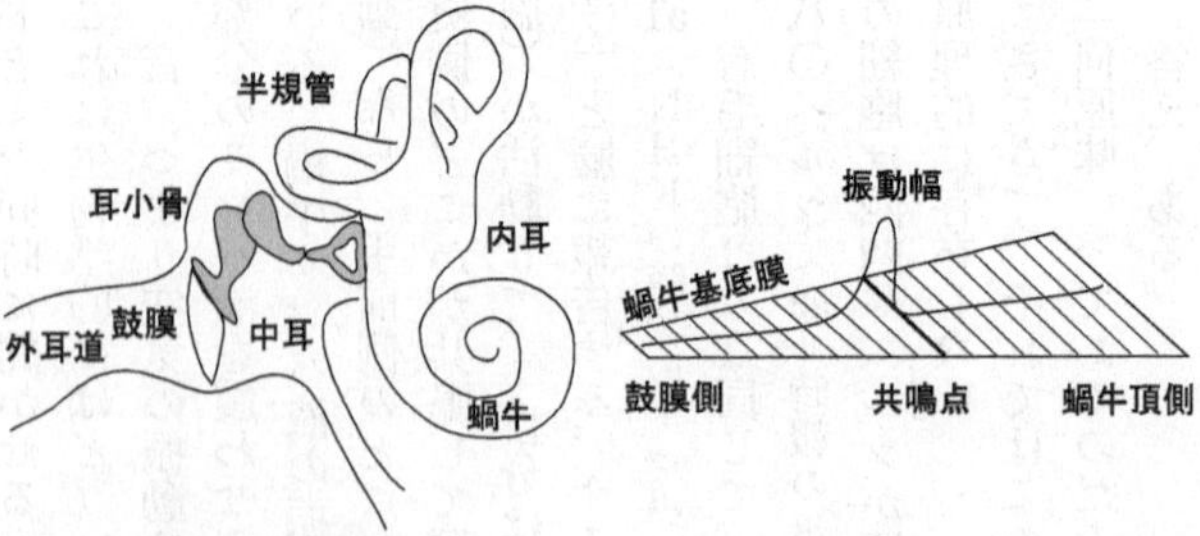

図 1-3　蝸牛の解剖図
空気の振動が図の左側から入ってくると、鼓膜と耳小骨を介して、リンパ液を振動させ蝸牛基底膜を振動させる。蝸牛基底膜は奥（蝸牛頂）に行くほど広く重く、かつ緩く張られていて、高振動数のリンパ液振動は手前（鼓膜側）、低振動数の振動は奥（頂側）のどこかと共鳴する。振動はそこでエネルギーを消費して、それより先には届かない。その共鳴点にある聴細胞（有毛細胞）が最も大きく変形し、応答する。

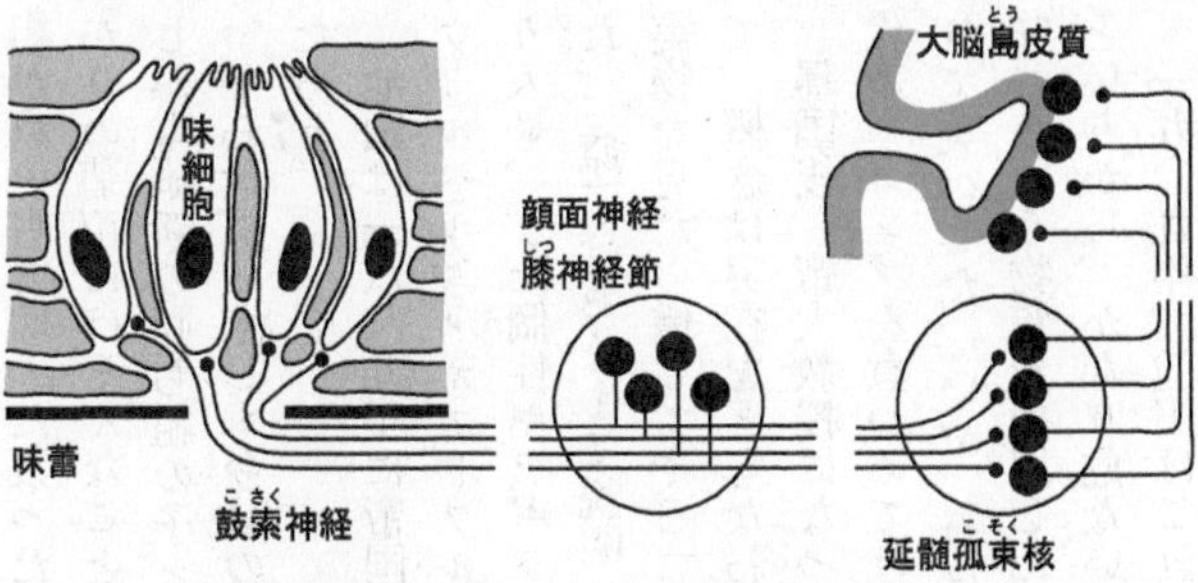

図1-4　味蕾の構造
味蕾は舌表面のザラザラのことではない。それは舌《ぜつ》乳頭といい、その舌乳頭のあちこちに味蕾が埋まっている。一つの味蕾が一つの味を感じるのではなく、一つの味蕾の中に複数種の味細胞が入っていて複数種の味を感知する。

かつてそれは四原味とされてきた。甘い、酸っぱい、塩辛い、苦いの四種類の味の組み合わせだといわれてきた。[▼4][▽4] 味は口の中、舌や口腔に分布する味蕾《みらい》の中の味《み》細胞で検出するのだけれど、四原味説とは、光の三原色にならっていいかえるなら、味細胞には四種類あって、五種類や六種類はない、という意味になる（図1-4）。

これに敢然と異を唱えた日本人がいた。池田菊苗《きくなえ》という。彼は、もう一つ「旨《うま》い」という味がある、と喝破した。ジャーン、五原味説の提唱だ。

池田菊苗の信念と執念

池田は一八六四年一〇月、薩摩藩士の息子として京都に生まれた。[▽5] 勤王志士と新選組が京の町で切った張ったを繰り返している真っ最中のことだ。[▼5] もちろん生まれたばかりの菊苗にはそんなことはわからず、維新後の京都・大阪で長じる。食道楽の町で、しかも維新の勝ち組の子として育った。そこが肝心、「旨い」ものに刷りこまれて育ったわけだ。もしも今日の食にも事欠く会津藩士の息子だったら、こうはいかなかったろう。[▼6]

池田は一八八九年に帝国大学化学科を出たあと、一八九九年からライプチヒ大学のヴィルヘルム・オストワルト教授（1853-1932）のもとに留学する。オストワルトという人も、また個性ギラギラの人で、たとえば、化学者なのに原子の実在を信じなかった。[▽6]「原子はあくまで説明の都合である。原子が実在するなら俺の前で見せてみろ、実物を見たら信じてやる」といったと伝わる。[▼7] 池田はオストワルトの忠実な弟子として、概念は実在をともなわなければならない、と信じた。

帰国後、帝大教授になった池田は「旨味」も実在を示さなければならぬと、旨味の代表、コンブを煮つめては金属塩として沈殿させ、味を見ては繰り返すを、寝食を忘れて実行した。いや、食は忘れてないわけだな。そして、一九〇七年、「これぞ旨味」という物質を抽出した。[▼8][▽7] それがグルタミン酸である。まず鉛塩として取り出したというから、かなり危ない作業だった。

一九〇九年、池田はこれを特許とし、その製造・販売権を、鈴木三郎助《さぶろうすけ》商店[▼9]という店を通して行使した。▽8 池田は「具留多味《ぐるたみ》酸」としたかったが、鈴木は「先生、それじゃ売れませんぜ、味《アヂ》の素《モト》としましょうや」。これは鈴木が正解だった。国民が日露戦争直後の疲弊から脱するにつれ「味の素」は売り上げを伸ばし、鈴木も池田も大儲けをすることになる。

折しも日本は産業立国をめざし、その基盤として科学研究の振興が急務だった。一九一五年、日本最大の科学研究所、理化学研究所の設立が帝国議会で決まると、池田は帝大教授のまま、化学部長に就任する。池田は帝大や理研での研究にこの「味の素」の稼ぎを注ぎこんだ。

設立時の理研は、国も金を出すが、自分でも稼ぐ運営方式で、高峰譲吉《じょうきち》のタカヂアスターゼ、▼10 鈴木梅太郎《うめたろう》のビタミンA、ビタミンB、その他合成ゴム、複写機、▼11 合成清酒▼12 などなど、次々に新発明を世に送り出し、ベンチャー・ビジネス企業群の一面もあわせもっていた。▽9 この企業群を理研財閥《コンツェルン》という。現在、理研はほとんど一〇〇パーセント国費で運営されているが、初心を思い出していただきたいものだ。

今、乾燥わかめ「ふえるわかめちゃん」を出しているのは、理研ビタミンという会社だ。▽10 池田が乾燥昆布を大量に購入・保存した技術の応用だろう。世界で一番よくのび、破れない薄いゴムをある特別な用途に利用したのが、理研ゴム（現・オカモト）▽11。複写紙・複写機をつくって売り、さらに光学機器一般に事業を拡げたのは、理研感光紙（現・リコー）[12]だ。

なお、池田はドイツから帰国する途中、英都ロンドンに立ち寄り、ノイローゼに苦しむ日本人留学生の下宿に約半年間（一九〇一年五〜一〇月）逗留する。そこで、夜な夜な文学論を戦わせた。その留学生も間もなく帰国し、小泉八雲《ラフカディオ・ハーン》の後任として帝大英文学の講師となり、一九〇七年『文学論』、一九〇九年『文学評論』を著した。この論は文学の分析に科学の方法を導入した名著だが、ロンドンでの池田との議論が元ネタだという[13]。彼はこの業績で文学博士に推挙されるが、固辞した。彼一人の業績ではないと思ったためかもしれない。彼の名を夏目金之助（漱石）という。

旨味の現在

しかし、池田の「五原味」提唱は、そう簡単に世界の学界に受け入れられたわけではない。私にはドイツに二年間暮らした経験があるが、彼らの料理の味つけは、たしかに「ヨンゲンミ、ハイ、ソレダケ」であった。彼らがなかなか認めなかった旨味が今認められているのは、この講の冒頭で説明した、専門担当センサーが見つかったからだ。

甘味や塩味には応答せず、グルタミン酸や鰹節の旨味イノシン酸【解説2：化学調味料】に応答する細胞が実在したのだ。今後、第六の原味（六番目の特異的味細胞）がもう絶対に見つからないと断言はできないが、旨味センサー探索のとき相当念入りに調べたから、たぶんないんじゃないかしら。[13]

なお、辛味（塩辛さではなく、トウガラシやマスタードの辛さ）は、舌だけでなく全身に分布する痛覚センサーが感知する刺激応答、いわば舌の痛覚なので、生物学でいう「味」には含めない。[14]

甘酸鹹苦旨を、英語では sweet, sour, salty, bitter, umai という。その名詞形は sweetness, sourness, saltiness, bitterness, umami である。旨味だけ不規則変化するので、欧米の生理学者が困る。ザマミロ。

味覚に個人差はあるか

一つ問題を考えよう。同じものを食べて、私の感じる味と君の感じる味は、同じだろうか。

ここに持ってきたのは、食塩 NaCl の水溶液だ。0番から7番まで、番号順にだんだん濃くなる。これを番号順に味見して、どこで塩味を感じたか申告してもらおう。別に敏感なほど偉いわけではないから、正直に。

まず0番。もう感じたって？　それは気のせいだよ。0番はただの蒸留水だもの。水の味というのはあるかもしれないけれど、それは塩味とは違うはずだ。▼14 明らかに塩味を感じたら、そこから先はもう試さなくていい。さあ、どうだい。一番敏感な人は3番で感じ始めたようだけど、4番からが一番多いようだね。

次はこれ。これはフェニルチオカルバミド（PTC）という、多くの人には苦いはずの物質だ（図1-5）。飲まずになめるだけにするように。明らかに苦味を感じたら、それ以上は試さないこと。あとに残ると次のテストに響くから。

今度はどうだろう。一番敏感な人は3番から感じたようだね。でも6番でも感じなくて最後の7番でやっと感じた人もいる。7番は、もうこれ以上溶けない飽和濃度。3番でもう感じた人からしたら、5番や6番でも感じないなんて、とても信じられないだろう。

この図（図1-6）は、今と同じ味覚テストを毎年やって、集めたデータの集計グラフだ。ここから面白い性質がみてとれる。食塩水のほうは、だいたい4番（重量濃度で〇・六二五パーセント）あたりに平均値がある一山《ひとやま》だ。個人差は比較的少ないともいえる。ところが、PTCのほうは、非常に広く分布していて、3番（〇・〇〇七八パーセント）で感じる人と6番（〇・〇五パーセント）にならないと感じない人との二山《ふたやま》があるように見える。この感度の低いほうの人を「PTC味《み》盲《もう》」と呼ぶことがあ

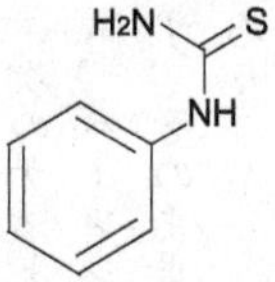

図 1-5　フェニルチオカルバミド(PTC)

尿素（NH_2-CO-NH_2）の誘導体とみて、フェニルチオ尿素と呼ぶこともある。

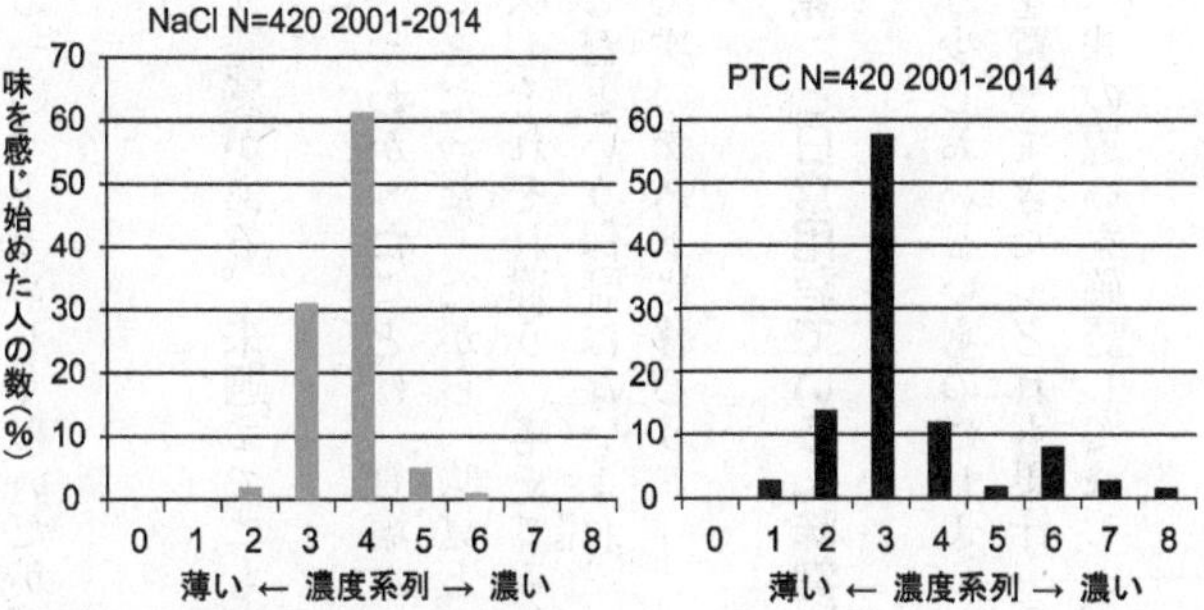

図 1-6　食塩と PTC の感度曲線

食塩水は原液（濃度 7）の 5% から 2 倍 2 倍の希釈系列。PTC は原液（濃度 7）の 0.2% から 4 倍 4 倍の希釈系列。2001 ～ 2014 年、大阪大学内外のさまざまな機会に行ったテスト 420 人分の集計結果。食塩水は濃度 4（0.625%）で応答する人が最も多い単純な分布だが、PTC は濃度 3（0.00078%）で応答する敏感派と濃度 6（0.05%）まで応答しない鈍感派の二派に分かれる。8 は濃度 7 でも反応しなかった人。

る。日本人では人口の一〇パーセントくらいだが、欧米では三〇パーセントくらいあるそうだ。▽15

ここで宿題を出そう。

「味盲」には差別的な語感がある。来週までにもっといい呼び名を考えてきてほしい【解説3:味盲の代案】。

このテストでもう一つわかったことは、食塩水に敏感な人が必ずしもPTCに敏感というわけではないことだった。だから、味覚というものは、人それぞれに違う。感度も違うし、得意な味もそれぞれ違う。考えてみれば、色だって、私の見ている色と君の見ている色が同じだという保証はないよね。▼15

では、口をゆすいで次のテストに移ろう。

生物学でいう「味覚」と日常用語でいう「味覚」の違い

次のテストは、もう少しおいしいものにしよう。オレンジジュース、リンゴジュース、パインジュースを買ってきた。どれも果汁一〇〇パーセント、砂糖無添加だ。まず、そのまま飲んで、味の違いを確認してほしい。まさか区別できない人はいないだろう。

次に、二人ずつペアを組んでちょうだい。旅行用のアイ・マスクを配るから、一人が目隠しして鼻をつまんで、もう一人がどれかのジュースを中身を教えずに渡す。さあ、当ててごらん。鼻をつまむと飲みにくいから、少しずつ飲むように。噴き出さないように。さあ、わかったろうか。オレンジは酸味でわかったかもしれない。だけど、リンゴとパインの区別は難しいと思うよ。グルメを自任している君、すぐわかったかな。

簡単だったって。それじゃ、ここにもう一種類、果汁一〇〇パーセントのジュース「X」を持ってきた。何だかいわないでおくから、これも目隠し鼻つまみで味見して、当ててごらん。これもイオンで買ったジュースだから、そんな珍しいものであるはずがないけれどね。

わかったかな。そう、白ブドウ（マスカット）のジュースだ。飲んだあと鼻を開くと、あっという間にわかるだろう。このように、私たちが日常でいう「味覚」とは、かなりの部分、嗅覚や触覚（舌ざわり）によっている。オレンジジュースなどは、視覚もかなり貢献しているかもしれない。「風邪をひいて鼻がつまると味がわからない」っていうのはこのことだ▼16。

ミラクル・フルーツと味覚修飾物質

今日最後のテストは、これ。ミラクル・フルーツという木の実の作用についてだ。まずポッカレモンを少しなめてみよう。これも果汁一〇〇パーセントだ。酸っぱーい。しっかり酸っぱいことを確認できたら、この感覚をしばらく覚えておいてね。

次に、ここに取り出したのは、ミラクル・フルーツ、奇跡の果実という（図1-7）。通信販売で買った。結構高いんだぞ。一人一個ずつとって、半分か四分の一に切って、皮をむいて、なめてごらん。口の中で転がして、まんべんなく塗りつける感じで。呑みこまないこと。呑んでも別に毒ではないけれど、もったいないから。洗ってまた使える。四分の一に切ったのは、残りをうちに持って帰って、家族や友達に試してもらうためだよ。

さて、もう十分塗ったと思ったら、もう一度さっきのポッカレモンをなめてみよう。どんな味がするかな。酸っぱくなくなったでしょ？ もしまだ酸っぱく感じるようなら、口の中にまだ塗り残し部分があるってことだ。いうなれば『耳なし芳一《ほういち》▼17』状態だな。もう一度さっきの実をなめてから、トライしてごらん。今度こそ酸っぱくないでしょ。レモンジュースもゴクゴク飲める。生《き》のお酢だって飲める。さっきのオレンジジュースやパインジュースを試してごらん。もう、ただの砂糖水みたいな味しかしないと思う。この効果は一五分くらいで消えてしまうから、しばらくするとまた酸っぱさが戻ってくるよ。

これはミラクル・フルーツに含まれるミラクリンというタンパク質のしわざだ。ミラクリンを抽出して構造を決定したのは、横浜国立大学の栗原良枝《くりはらよしえ》教授（1932-2003）だ[16]。ミラクリンのように味を変えてしまう[18]物質を味覚修飾物質《テイストモジュレータ》という。他にも、たとえばギムネマ茶のギムネマ酸（甘味を感じられなくなる）とか、コーヒーに含まれるクロロゲン酸（ただの水が甘くなる）とか、いくつも知られている。さっき、食塩水のテストをしたとき、塩味を感じ始めたらそれ以上は試さないで、といったのは、食塩にも味覚修飾効果があるからだ[19]。

図1-7　ミラクル・フルーツ
（大村園芸提供）
通販で買える。生もあるが、フリーズドライのものもあり、それも有効。実は深紅色。

ミラクリンがなぜ酸味を甘味に変えてしまうかは、栗原先生が亡くなられたあと、お弟子の日本の女性研究者たちの努力によって、最近明らかになった（図1－8）。ミラクリンは、甘味受容細胞の表面にある甘味センサー分子（T1R2-T1R3二量体）と結合する。でも、ただ結合するだけで、活性化はしないか

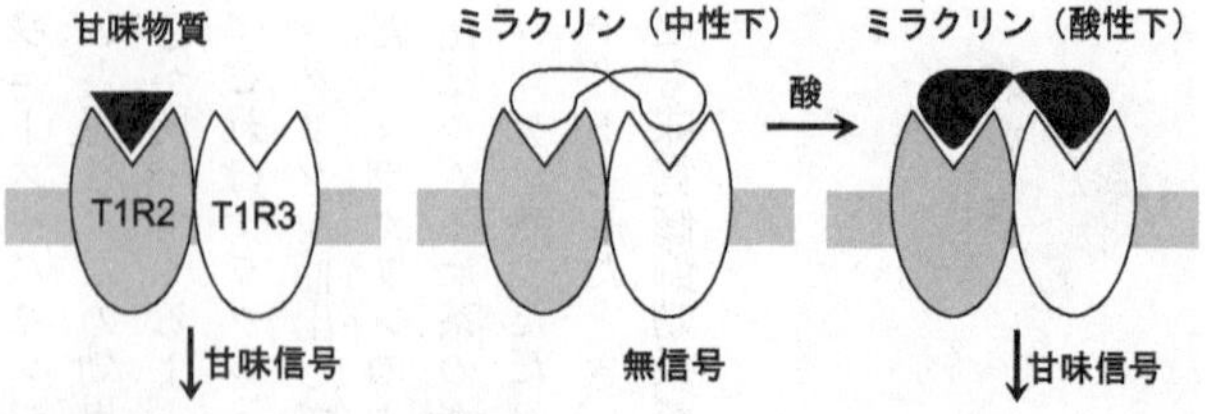

図 1-8　ミラクリンの原理

甘味受容体は T1R2 と T1R3 の二量体で、ミラクリン（これも二量体）と結合する。しかし口内の通常の中性 pH では受容体を活性化しない。そこに酸がくると、ミラクリンの構造が変わり、甘味受容体を活性化して味細胞が興奮し、脳（島《とう》領域）が「甘い」と判断する（Koizumi, A. et al.2011 *PNAS* 108:16819-24 にもとづく）。

ら、それだけでは甘くない。しかし、ここで酸がくると、ミラクリンの構造が変わる。甘味センサーに結合したまま形が変わって、甘味センサーを活性化するようになる。甘味センサーが活動すれば、脳は糖がきたと解釈せざるをえない。つまり、酸を甘く感じるということになる。

ミラクリンは、砂糖をとらずに甘味がえられるから、ダイエット食品として有望だ。だから、近い将来、食品サプリメントとしてドラッグ・ストアで売られるようになるかもしれない。美容のためばかりでなく、肥満や糖尿病などで砂糖を制限する必要がある人にも役立つだろう。ただし、大きなタンパク質なので、完全人工合成にはコストがかかる。ミラクル・フルーツは、温室があれば日本でも育つから、人工合成するよりうちで栽培するほうがいいね[▽17]。

解説1　光と脳

　そもそも光には、波長という属性はあるが、「色」という属性はない。ただ動物の脳が光の波長を「色」という感覚に割りつけているだけだ。本文で「ヒトが黄色と感じる光」「ヒトが赤と呼ぶ光」と、もってまわった言い方をしたのは、その点を強調したかったからだ。

　脳の仕業だから、ヒトが「色」と呼ぶ感覚には割り当てず、もっと別の感覚に割り当てたってよいわけで、そうしている動物もいるかもしれない。たとえば、ヒトが赤と呼ぶ波長七〇〇ナノメートル付近の光を突出した感覚に、ヒトが紫と呼ぶ波長四三〇ナノメートル付近の光を落ちくぼんだ感覚に割り当てて、風景を凸凹として認識している動物もいるかもしれない。

　本文で太陽の光は三色ではない、といった。実際、太陽光のスペクトル（波長分布図）は、四〇〇〜八〇〇ナノメートルのヒトの可視領域では連続的である（全く平坦というわけではなく、長波長側がやや少ない）。しかし、人工照明も同じとはかぎらない。

　白熱電球のスペクトルは連続で、まあ太陽光に近いが、蛍光灯のスペクトルは青、緑、橙にピークをもつほぼ三山である（管の内側に塗る蛍光物質の選び方で、昼光色とか昼白色とかの管になる）。最近エコ（高エネルギー効率）の観点から普及しつつある白色LED照明は、青の鋭いピークと黄のなだらかなピークから成る二山である（四六五ナノメートルの青色LEDと、それを五六〇ナノメートル周辺の光に変換する蛍光物質の光との合成であるため）。

蛍光灯やLEDが白い光に見えるのは、本文で説明したようにヒトの網膜の三種類のセンサーが全部活動する結果、脳が白だと解釈するからである。本当に全波長を含む太陽光の白とは違う。

このことは、生活上結構重要な違いになる。というのは、極端な話、青・緑・赤の鋭い単色光から成る光源の下では、白い飯は白く見えるだろうが、黄色い卵（黄色光を反射する物体）は、光源にもともと黄色光が含まれていない以上反射光もなく、したがって黒く見えることになる。「蛍光灯の下では料理がまずそうに見える」というのは、これが主因である。

最近、美術館の照明に、紫外線がなくて絵を傷めないという理由から、LED照明の導入が進んでいるという。しかし、画家が太陽光の下で描いた絵、たとえばミレーやターナーの風景画は、LED照明下の鑑賞者には、画家が意図した色とは違った色に見えることになる（そのため美術館用のLED照明の開発も行われている）▽18。

解説2　化学調味料

「旨味」といったが、より正確には、アミノ酸・核酸味というべきかもしれない。グルタミン酸は、コンブやトマトに豊富に含まれ（イタリア料理でトマトを多用するのは、日本料理の昆布と同じ役割、ダシとしてである）、旨味センサー細胞を活性化する代表的な物質だが、それ以外の物質もこのセンサーを活性化することができる。

たとえば、鰹節の旨味はイノシン酸、干し椎茸の旨味はグアニル酸というヌクレオチド（ヌクレオチドとは、遺伝子DNAやRNAを構成する分子）だが、これらも旨味センサーを活性化する。

呈味《ていみ》アミノ酸や呈味ヌクレオチドが、センサー細胞の何と結合するかも、わかっている（T1R1-T1R3二量体）。両者は同じ分子の別の場所に結合する。このことが、「合わせだし」の原理につながっている。つまり、昆布だしのグルタミン酸で活性化したT1R1-T1R3は、鰹節だしのイノシン酸によってさらに活性化される。これが合わせだしの原理である▽19。

アミノ酸やヌクレオチドが「旨い」のはなぜか。それは、動物がこれらの物質を必要とするからである。逆のいい方をすれば、動物は必要とするものを「旨い」と感じることによって摂取を促し、生き残ってきたのである。もしこれを「旨い」と感じなければ、栄養失調に陥って子孫を残せなかったはずだ。

同じことは、甘味（糖類、つまりエネルギー源の味）、鹹味（塩類、つまりイオン源の味）にもあてはまるし、逆に動物が避けるべき信号としての酸味（腐敗物の味）、苦味（アルカロイド、毒物の味）にもあてはまる。

コンブが、なぜコンブ自身が必要とする以上にグルタミン酸を含むのかは、わからない。単なる偶然かもしれない。しかし、鰹節がイノシン酸を豊富に含むのには理由がある。第5講で解説しよう。

グルタミン酸が、脳内で神経細胞が使う情報伝達物質でもあることを提唱したのも、日本人研究者である。慶應義塾大学医学部の林髞《はやしたかし》教授だ。林先生はこの成果を一九六〇年、『頭のよくなる本』（カッパ・ブックス）に書いて、年間ベストセラー第二位にした。それもそのはず、林先生は直木賞作家（一九三七年度）なのである。その筆力は絶大で、この本を熱心に読んだ世のお母さんたちは、わが子に毎日小さじ一杯ずつ味の素を食べさせた。私も食べさせられた一人である。

今考えると、大変危険な行為だった。脳には、厳格な関門があって、脳に入れてよいものと入れてはいけないものを区別しているが（だからふつうは味の素を飲んでも効かないはずだが）、高熱などでこの関門が十分に働かなくなると、グルタミン酸も通ってしまい、無差別的な興奮と痙攣《けいれん》を引き起こすことになる。

なお、この年のベストセラー第一位は、謝国権《しゃこくけん》の『性生活の知恵』で、世のお母さんたちはこちらも熱心に読んだ。

解説3　味盲の代案

学生諸君が考えてきた代案をいくつか紹介しよう。

味亡人《みぼうじん》、苦味短《くみたん》、苦味長《くみちょう》、お味粗《みそ》、ローカルテレビ人。短と長が両方出たのは、苦味感度が低いことを短所とみるか長所とみるかの違いだろうか。「くみたん」は愛称、「くみちょう」は敬称かもしれない。「ローカル……」は、この学生の出身地にはテレビのチャンネルが四つしかないからだという。「お味粗」は、漢字でなくひらがなで「おみそ」と書けば、差別感がなく、傑作といえるだろう。

なぜ「PTCおみそ」が生じるか。それは苦味センサー細胞上のPTCセンサー分子（T2R38）を遺伝的に欠くためである。このT2R38の遺伝子は染色体上に一個しかないらしく、PTC味盲は典型的なメンデル型遺伝（第8講参照）を示す。両親どちらか一方の遺伝子にありさえすれば、PTCを検出するのに十分なので、「高感度」が優性形質となる。いいかえると、PTC味盲の人は、両親ともPTC味盲のはずだ。

数年前、豊中市の親子理科教室でこのテストをしたとき、ついうっかり、居合わせた両親にも同じテストをしてしまったことがある。幸いなことに、両親とも理論通りたしかにPTC味盲だったからよかったものの、もしそうでなかったら、エライことになっていたところだ。大反省。血液型なども、今はそう簡単に話題にできない時代である。

なお、苦味センサー分子は、T2R38だけではなく、他に何種類もあるため（T2Rファミリーといい、避けるべき毒物が多種多様にわたることを反映しているのだろう）、PTC味盲の人がすべての苦味を感じないわけではない。たとえば、コーヒーはやはり苦いという。

注

▼1――受光部分が円錐形をしているので錐体という。錐体とは別に、光の量だけを鋭敏に検出する杆体《かんたい》という視細胞もある。暗い環境では杆体だけが働く。したがって、ヒト網膜の光センサー（視細胞）は、錐体三種と杆体一種の計四種がある。その他に、一部の脳神経細胞が調節青色光を感知して、リズムの調整に使うらしい。

▼2――ヒトが紫と呼ぶ光より波長の短い光（四〇〇ナノメートル以下）のこと。赤と呼ぶ光より波長の長い光（七〇〇ナノメートル以上）は赤外線。

▼3――匂いに関しては、嗅細胞それぞれに専門の担当物質が割り当てられていて、その点では「原臭」はあるともいえる（第3講で再度説明する）。

▼4――甘酸鹹苦《かんさんかんく》という。甘酸塩苦《かんさんえんく》ということもあるが、「塩」の字は形容詞ではないので、鹹が本当。甘味は舌の先端で、酸味は舌の横で感じるとかいう「舌の地図」を見たことがあるかもしれない。中学校の教科書にも載っていた。しかしそれは嘘である。どの味もどこでも感じる。教科書に載っているから真実だ、とはかぎらない一例。

▼5――新選組が勤王志士多数を斬った池田屋事件が同年七月、長州藩士が京都に火を放った蛤《はまぐり》御門《ごもん》の変が同年八月。

▼6――旧会津藩士は、辛酸の時期を経て教育界・学界に活躍の道を見出す。薩摩の池

田を帝国大学教授に採用したのは、会津白虎隊《びゃっこたい》の生き残りの一人、物理学者・帝大総長山川健次郎（1854-1931）である。恩讐を捨てた山川もエライ。二〇一三年のNHK大河ドラマ『八重の桜』の主人公新島八重《にいじまやえ》（1845-1932）は、若松城落城のあと同志社英学校（現・同志社大学）の設立に尽力した。同志社大の今出川キャンパスは、維新の拠点であり、池田菊苗の父が出仕していた旧薩摩藩邸の跡地である。健次郎の兄浩《ひろし》（1845-1898）は、維新当時会津藩若年寄として各地で奮戦し、維新後は陸軍軍務の後、高等師範学校（現・筑波大学）校長を務めた。

▼7――オストワルトは、実在するのはエネルギーで、ただエネルギーのあり方がいろいろなので、それを便宜上各「原子」と呼んでいるだけだ、と考えていた。原子の実在を力説するルトヴィヒ・ボルツマン（1844-1906）を悩ませ、とうとう自殺させてしまったほどだ。しかし後年、フランスの物理学者ジャン・ペラン（1870-1942）がブラウン運動を示し、アインシュタイン（1879-1955）がこれを水分子の衝突だと説明したとき（一九〇八年）、急転自説を撤回して原子説に転向したという。ボルツマンは草葉の陰で何といったろうか。

▼8――遊離酸やナトリウム塩は水溶性が高い。「ダシが出る」とは「成分が水に溶け出す」ということだから当然。それを不溶性の塩にして沈殿させるため、鉛を用いた。

▼9――鈴木商店は米屋として出発したが、米相場は水物で、三郎助（1868-1931）は

失敗し、母と妻が余業でやっていたカジメ（海藻）を焼いてヨードをとる事業で食いつないだ。この海藻商売が縁となり、池田が昆布製品を持ちこんだ。
▼10――消化薬。「餅を大根おろしと食べると胃にもたれない」伝承からヒントをえて、高峰が大根や麹《こうじ》から抽出したデンプン分解酵素、つまりアミラーゼ。
▼11――複写機の元祖「青写真」は、ジアゾ化合物を塗った感光紙を半透明の原紙と重ねて紫外線を当てると、原紙上の黒い部分では光が遮られ、ジアゾ化合物が分解されず残るから、フェノールなどを含む現像液と反応させると濃青に発色する。私が学生の一九七〇年代にはこの複写機はまだ現役だった。
▼12――清酒を分析して成分を決め、それを化学的に再構成した人工酒。米が貴重な戦時中はこれで酒需要が賄われた。
▼13――二〇一五年、米国パデュー大学の研究チームが第六の原味「脂肪酸味」がある、と提唱した。二〇一九年現在、すでに受容体分子も同定されているが、独立の味覚を生むかどうかは未確定（甘味・旨味を修飾している可能性がある）。
▼14――味蕾は常時唾液《だえき》にさらされてそれに順応しているはずだから、逆に唾液が水で洗い流されることで一つの感覚が生じる。それを水の味と呼ぶ。
▼15――色の感度に個人差があるうえに、ある波長に対して何色を割りつけるかは脳の仕事。脳の仕事だから、経験や文化によって違って当然だ。実際、日本人には虹は七色

だが、米国人には六色、中国人には五色だという。▽20

▼16——さらにいうなら、人間の味覚は、感覚が決めているとすらいえない。たとえば、いくら清潔だといわれてもビーカーでお茶を飲む気はしないし、検尿用の紙コップ（底に青い同心円がかいてあるヤツ）で飲物、とくにビール、を飲む気はしない。▽21

▼17——平家の亡霊に誘拐されないよう、和尚が全身に経文を書いたが、耳だけ書き忘れ、そのため耳をもぎとられてしまった琵琶法師。

▼18——味物質を変化させるわけではないので、味覚を変えるといったほうがいい。

▼19——甘味感度を高める。

第2講　色の話

青い食材を探せ

先日、イタリアから知人が来たので、歓迎の意味で、緑白赤のイタリア国旗と赤白の日の丸になぞらえた料理をつくって出した。

献立は、サラダにはパプリカ、カリフラワーとグリーンアスパラ、冷たいスープにはジャガイモとグリンピースの二色半々にトマトジュースを少々トッピング、メインディッシュはエビのトマト煮、イカのホワイトソース煮、生バジルソースの三色で色分けしたパスタ。苦心の甲斐あってウケた。

人間にとって、料理は単なる栄養摂取ではなく、娯楽であり文化であり、アイデンティティの確認でもあるから、料理の「色」は大事だ。って、われながらかなり強引な論理だな。

ただ、イタリア人だったからよかったけれど、フランス人や米国人だったら困ったろう。なぜかって、青い食材はめったにないからだ。思いつくのはブルーベリーと沖縄のアオブダイくらい。食用色素（青色一号など）で人為的に青く色づけすることはできるが、あまり食欲がわきそうにない。▼1

もしどうしても、となったら、青に近い色として紫を使うことになる【解説1：分

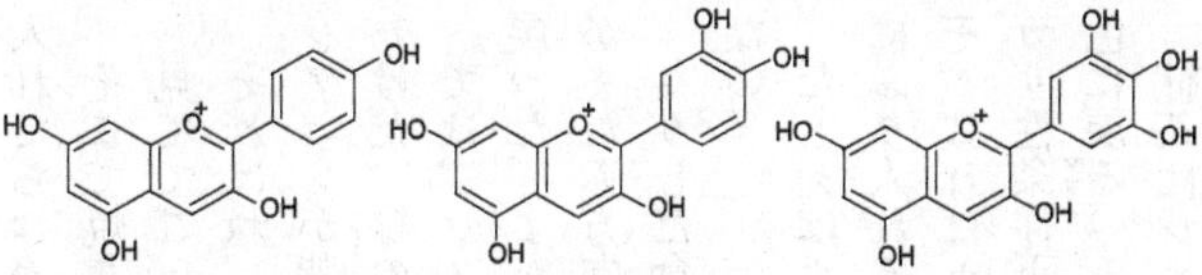

ペラルゴニジン　　シアニジン　　デルフィニジン

図 2-1　アントシアニン

アントシアニンは、糖と色素（アントシアニジン）の結合物（配糖体）で、色素には多数の種類がある。色素のうち代表的なものの構造を示す。ペラルゴニジンはイチゴの赤色、シアニジンは赤ブドウやラズベリーの赤紫色、デルフィニジンはスミレの花の青色である。多数の芳香環 OH 基を含む、つまりポリフェノールで、抗酸化作用をもつ。

子の色】。紫色の食材なら結構ある。古典的にはナス。ナスの紫色はアントシアニンで、水溶性の色素だから、色をとどめたいときは油で揚げる。ナスの果肉が油を吸ってカロリーが上がるのを嫌うなら、皮に油を塗って電子レンジすればよい。

アントシアニンとは、単一の化学物質の名ではなく、一群の類縁物質の総称で、[2]イチゴの赤からナスの濃紫まで色調は多様だが（図2－1）、共通の特徴として、酸性のもとでより赤く、アルカリ性のもとでより青くなる。そう、リトマス試験紙と同じだ。[3]

紫キャベツを使う手もある。この紫色もアントシアニンだから、同じ性質をもつ。そこで焼きそばのキャベツに紫キャベツを使うと、次のような台所実験ができる。お母さんに、「食べ物で遊んではいけません」って叱られるかもしれないけれど。やってみよう。

まず紫キャベツを刻み、フライパンに少量の水を入れてちょっと煮る[4]。煮汁が紫色になったね。色素抽出成功。

そこで焼きそばを投入する。

見ててごらん。あーら不思議、黄色い麺が緑色になっちゃった。

それはね、中華麺は鹹水《かんすい》[5]を含んでいてアルカリ性だから、アルカリにふれたアントシアニンが紫から青に変わったんだね。もともとの麺の黄色とあわせて緑色に見えるわけだ。緑の焼きそばなんておいしくなさそうだって？味は同じだけどな。

では、ウスターソースをかけて炒めよう。あーら、不思議、不思議。麺が黄色に戻った。よかったね。つまり、ソースは酢を含んでいて酸性だから、アントシアニンがまた赤方向に戻ったわけだ[6]。

こうした食材の色変化は、調理の際ちょっと気をつけて見ていれば、じつは珍しくない。

たとえばカレー味の焼きそばをつくろうとする。カレー粉は香りが命だから、最後にふり入れるのがふつうだろうが、先に入れてみる。なんだなんだ、麺が赤くなったぞ。これはカレー粉の黄色の素、ウコン（ターメリック）の色素クルクミンが、アルカリ性条件下で赤変したからだ。これもソースを入れて中性〜酸性に戻すと、また黄色に戻る[7]。

紅茶にレモンを入れると色が薄くなる。ほーら（図2-2）。これも原理は似ている。紅茶の色素テアフラビンには、ベンゾトロポロン（BT）という骨格構造が含まれている。BTは中性下では赤いが、酸性下では無色になる。レモンのクエン酸が紅茶を酸性にし、BTの赤を消したわけだ。

図2-2　レモンティー
左の紅茶にレモンを絞り入れると右のようになる。なお、ティーカップは筆者家の家宝、ジョルジュ・ボワイエの「リヴィエラ・ローズ」シリーズである。

エディブル・フラワー

青の話に戻ろう。

青を食卓に上《のぼ》す奥の手として、花を使う手がある。エディブル・フラワーという。語義通りには「食べられる花」だが、カリフラワーやブロッコリーのように、たしかに花だけどふつう花とは意識しない食材は含めない。食用菊や菜の花も「菊の酢の物」や「菜の花のお浸し」などとして、ふつうの料理の一品になり、立派な食材だから微妙なところだ。

エディブル・フラワーとは、食べようと思えば食べられるが、主に料理の彩り・飾りで、半数以上の人は食べず、食べるとしてもむしゃむしゃ食べるわけではない、というものをさす。だから毒でなければなんでもいいわけだけれど、彩りなんだからあまり出しゃばった立派な花は向かない。こうしたエディブル・フラワーの代表格はキンギョソウだけれど、残念ながら、これに青はない。だが、セキチク、ペチュニア、パンジーには青がある。

セキチク（*Dianthus chinensis*）とは、中国原産のナデシコだ。平安時代から移入栽培されており、「唐撫子《からなでしこ》」とも呼ばれて多くの園芸品種を生んでいた。一方、日本在来のナデシコは、今でいうカワラナデシコ（*D. superbus*）で、セキチクの「唐撫子」に対して「大和撫子《やまとなでしこ》」の別名でも呼ばれていた[8]。さらに、唐撫子、大和撫子に加えて、江戸期に長崎経由でオランダから移入された新しいナデシコ（*Dianthus caryophyllus*）がある。これを「和蘭陀撫子《おらんだなでしこ》」と呼び、これで三種出揃った。和蘭陀撫子は、今はカーネーションと呼ぶのがふつうだ。ともあれ、カワラナデシコやカーネーションは、大きすぎてエディブル・フラワーには不向きだ。

ナデシコを英語で pink という。セキチクは Chinese pink、カワラナデシコは Japanese pink である。ピンク色をしているから pink なんじゃないよ。その逆。淡紅色はナデシコの代表的な色だから淡紅色をナデシコ色、つまり pink というわけ。水の色だから水色、番茶の色だから茶色と呼ぶのと同じ理屈だ。だから、青色のナデシコは blue pink で、日本人には変に聞こえるが、英国人にはちっとも変じゃない。

ペチュニア（*Petunia hybrida*）にもパンジー（*Viola tricolor*）にも青色の品種がある。これらの青色が最近学界で注目を浴びたことがある。ウィスキーのサントリーが遺伝子組み換え技術で青いバラをつくり出したときだ。一〇年を超える試行錯誤を経て、青いカーネーションや青いバラをつくり出したのは君たちの先輩、田中良和《よしかず》氏（阪大理・生物学科一九八一年卒）のチーム。その話は少々専門的になるので別項で説明しよう【解説2：青いバラの誕生】。

ウスベニアオイ（*Malva sylvestris*）は、[▼9]生では赤紫色のエディブル・フラワーとして使われる。これを乾燥してハーブティーにすると、青を演出できる。おしゃれな喫茶店に行くと置いているからデートにお奨めだぞ（コモンマロウ・ティーとか呼んでいるかもしれない[▽1]）。

ティーポットに一つかみ入れて上から熱湯を注ぐと、きれいな青い飲み物ができる。でも、すぐには飲まないこと。これにはレモンの小片がついてくる。二人でやさしくカップを見つめながら、レモンを浮かべよう。わあ、きれいなピンクになりました。恋の成就でありまーす。味はとくに何もしないけれど、デートの小道具なんだから、そこは許せ。

原理はわかるね。ウスベニアオイの青色も、さっき説明したアントシアニン[▼10]だ。

食材も花も使えないなら、最後の手段、青色は食器で出そうということになるが、食器については別の機会に話そう（第6講参照）。

緑色の食材

イタリアの国旗は、左から緑白赤。イタリア料理に使う緑の代表はバジリコ（英語でバジル）だろう。パスタにバジルのソースをからませたものを、ジェノベーゼ[11]という。出来合いの瓶詰もあるが、つくり置きすると色がぼけてしまうので、ここはぜひ生のバジルでつくりたい。決して高くはつかないよ。

まずナッツ（マツの実なら本格的だけれど、カシューナッツでいい）と生ニンニクを、少量のオリーブ油とともにフードプロセッサで粉砕してペースト状にする。これに生バジルの葉とオリーブ油を足して、もう一回粉砕する。はい、できあがり。あっという間にできるので、直前につくること。時間が経つと瓶詰と同じように色が落ちてしまうからね。

バジル（*Ocimum basilicum*）はシソ科の植物で、これを青シソ（とナッツの代わりの白ゴマ）でやると和風のジェノベーゼ・ソースができる。これもなかなかイケるよ。ジェノベーゼとは、ジェノバ人の、ジェノバ風のという意味だから、「和風ジェノベーゼ」は形容矛盾だけど。これとほぐし明太子とで緑白赤にすると、本格和風イタリアンの完成でーす。って、わけわからん（白は何もつけないパスタに粉チーズをふるだけ）。

バジルの葉やシソ（*Perilla frutescens*）の葉が緑なのは、いやいや、バジルやシソにかぎらず植物の葉が緑色なのは、葉の細胞の中に葉緑体があるからだね。葉緑体の中の袋（チラコイド）の上に、クロロフィル（葉緑素）がある。クロロフィルが赤い光（ピーク波長七〇〇ナノメートル）と青い光（四五〇ナノメートル）を吸収する。赤と青を吸収し、緑は吸収せず反射するので、私たちの目には緑の光だけが届き、ゆえにバジルやシソの葉は緑色なのだ。[▽2]ふう。

クロロフィルは光を吸収して何をするのか。もちろん光合成をするのだが、大学生ならもう少し先まで知っていてもいい。それについては【解説3・光と光合成】で。

クロロフィルで光を受けるのは図2－3の網をかけた部分で、ポルフィリン環《リング》という。この構造は、私たちの赤血球の中にあって酸素を運ぶ分子へモグロビンや、筋肉の中にあって酸素を蓄えるミオグロビンの赤い色素（ヘム）とそっくりな分子だ。[▼12]ポルフィリン環とは、生物が金属の化学的性質を利用したいとき、金属を閉じこめておく籠の役目をする。[▼13]ヘムの場合はここに鉄が、クロロフィルの場合はマグネシウムが捕まっている。生理機能の本体は、この金属にある。

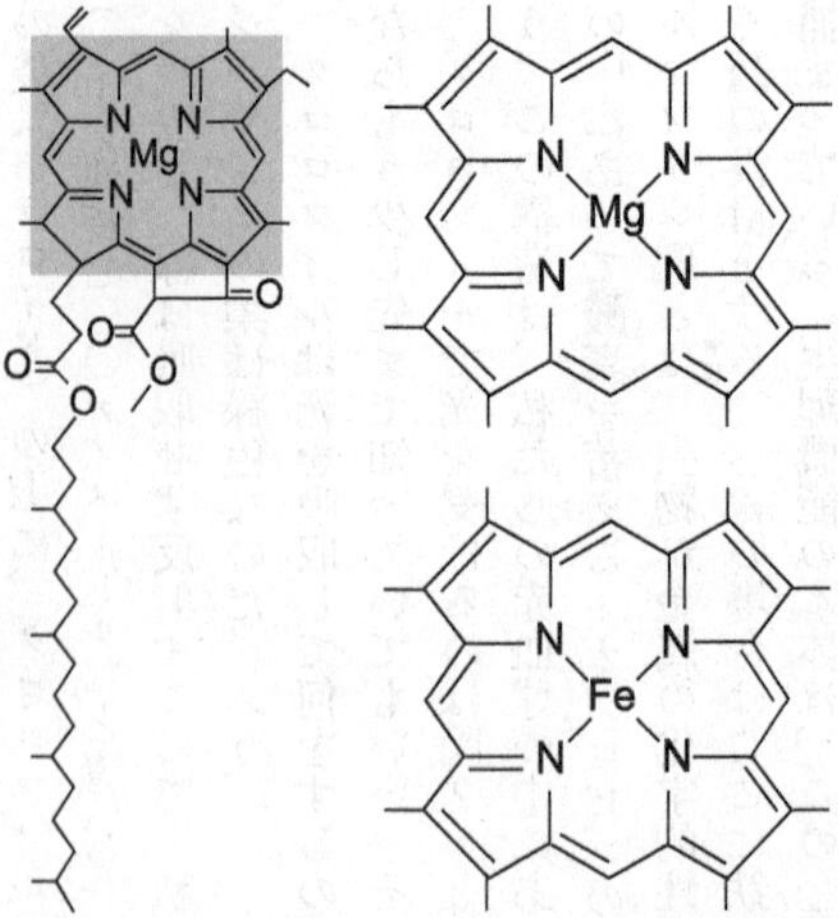

図 2-3　クロロフィルとポルフィリン環

左はクロロフィルの全体。図で下に長くのびた炭化水素鎖で膜に係留されている。網かけ部分がポルフィリン環で、その拡大が右上。Mg イオンが包接されている。右下はヘモグロビン（血色素）やミオグロビン（筋色素）のヘム。Fe イオンが酸素を結合する。

現役のヘムは赤いが、古くなったヘムは酸化されてメト型というものになり、茶色くなる。それから、ヘムが分解されても色が変わる。まずポルフィリン環が開いてビリベルジンになる。これは緑色。ついでビリルビンになると橙色[14]。ほら、脚をぶつけて内出血すると、それが消えるまでに、まず青くなって、それから黄色くなるでしょ。これはヘムの分解過程を示しているのね。肝臓病になって黄疸《おうだん》が出て顔や目が黄色くなる。これも肝臓の機能が落ちてビリベルジンとビリルビンがたまってしまった色だ。

ビリルビンはさらに腸内でウロビリノーゲンを経てステルコビリンに、腎臓ではウロビリンになるが、それは食事どきにふさわしくない話だから、今日は説明しない。興味ある人は自分で調べてちょうだい。

なんでメト型やビリベルジンの話を持ち出したかというと、ほら、ハムやベーコンが少し古くなると、赤色が褪せて茶色くなったり、照明の具合で緑色に見えたりすることって、あるでしょ。あれはね、筋肉のミオグロビンのヘムがメト型になったり、分解されてビリベルジンの色が出てきたためだ。まだ腐ったわけではなく、毒ではないから食べられる。▼15

赤い食材

赤い食材は、たくさんある。

まずニンジン。この赤はカロテン、とくにβカロテン。Carrot（ニンジン）の ene（不飽和炭化水素の呼称）だから carotene《カロテン》 という（図2－4）。英語ではキャロティーンと発音するから、カロチンと呼ばれることもあるが、日本語の化学用語としてはカロテンが正しい。水に溶けない色素だから、煮ても色は抜けない。

カロテンが切れると二分子のレチノールができる。レチノールとその関連物質レチナール、レチノイン酸をまとめて、ビタミンAという。ビタミンAはいろんな働きをするが、第一は、目の網膜で光を受ける分子になることだ。網膜の視細胞（第1講参照）に光が当たると、レチナールの形が変わる。これが、視覚のスタートになる。だから、ビタミンAが欠乏すると目の感度が落ちる。これを夜盲症《やもうしょう》という。[▼16]

ニンジンと並ぶ赤い食材の代表はトマト。トマトの赤色素もカロテンの仲間（カロテノイド）。Lykopersikon（ギリシャ語でトマト）の ene（不飽和炭化水素）だから、lycopene《リコペン》と名づけられた。これも英語読みしたリコピンのほうが通りがいいかもしれない。パプリカの赤もカロテノイドで、capsanthin《カプサンチン》。語源はトウガラシ（学名 *Capsicum*）の黄色（xanthos）因（in）。

カロテノイドは分子内に二重結合を多数もっているため、自分自身は酸化を受けやすく、したがって生体が受ける過酸化物や活性酸素からの攻撃を、身をもって防いでくれる。[▽3] この抗酸化作用が大々的に取り上げられて、トマトは「体に良い」「老化を防ぐ」と宣伝される。たしかに嘘ではないから、それくらいまではいいんだけれど、だんだんエスカレートして「がんを防ぐ」「免疫を強める」「ぼけが治る」とかになっ

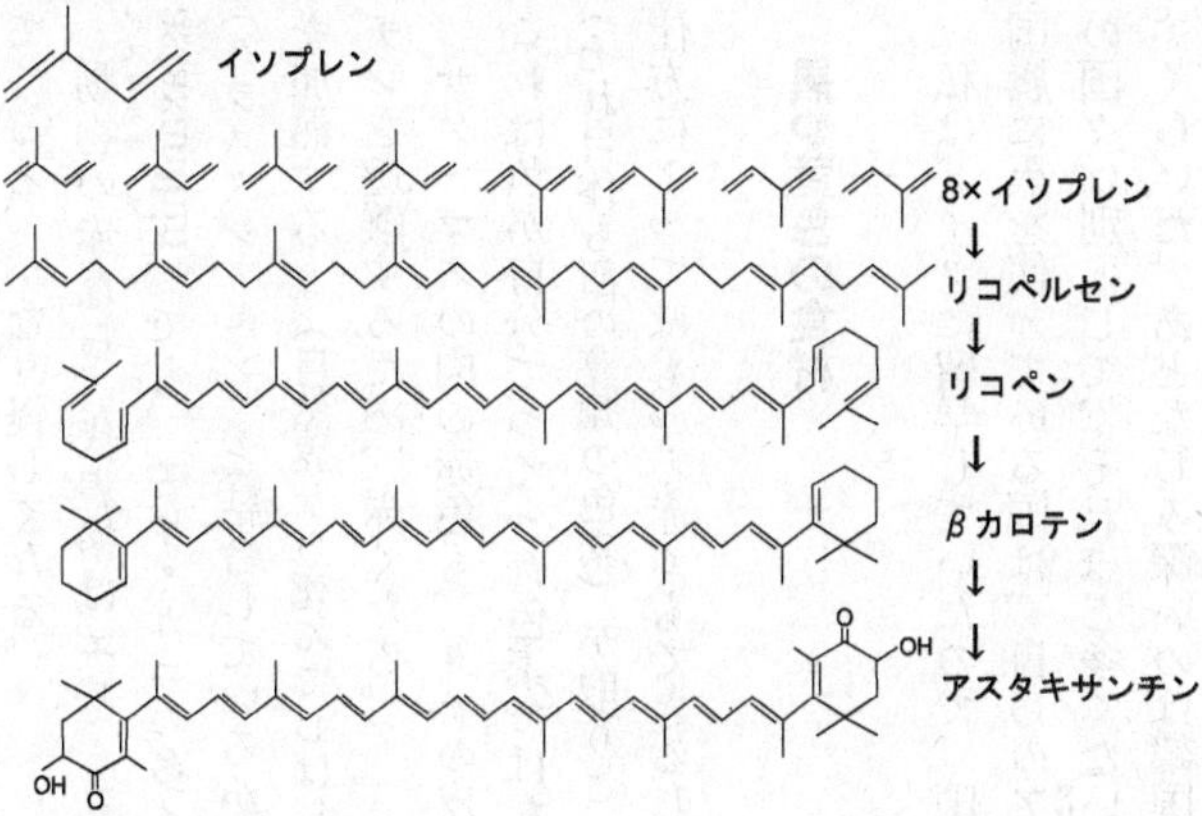

図 2-4　カロテノイド

最上段に、単位となる炭素５個の炭化水素、イソプレンを示す。イソプレンが重合した分子群をテルペノイドという。イソプレン８個が重合したリコペルセンがカロテノイドの出発物質で、両端が巻くとリコペン（トマトやパプリカの赤色）。環化するとβカロテン（ニンジンの橙色）。その他、さまざまな修飾を受けたものをカロテノイド（カロテン類）と総称する。そのうちの一つ、アスタキサンチン（エビ・カニの赤色）を最下段に示す。

てくると、かなり怪しくなる。

動物の赤なら、代表格はエビ・カニといった甲殻類。これもカロテノイドで、astaxanthin《アスタキサンチン》。でも、エビ・カニの多くは、生きているときは赤くない。タンパク質（クラスタシアニン）と結合しているからで、むしろ青みがかった灰色に見える。これを加熱すると（自然界なら死んでしばらくすると）タンパク質が変性し、アスタキサンチンを遊離するため、赤くなる。

サケ・マスの肉の赤色も、タイの皮の桜色も、アスタキサンチンによる。[▽4] だけど、これは魚が自分でつくった色素ではない。餌として摂《と》った甲殻類（アミなど）の色素（それ自体も餌の藻類の色素）が取りこまれて着色しているにすぎない。だから養殖の仕方によってはもっと赤くもできるし、白くもできる。

黒や黄色の食材

私はドイツに留学していたので、国旗の黒はなじみ深いが、世界を見渡してみると、国旗に黒を使っている国は、自らのアイデンティティとしてあえて黒を使うアフリカの国々は別として、それほど多くない。[▼17] 欧州ではドイツの他にはベルギーとエストニアくらいだ。あとなじみ深いのは韓国の太極旗の卦《け》の部分くらいかな。

食材としての黒には事欠かない。イカの墨でもいいし、黒ゴマでも黒豆でもいい。奮発してキャビアという手もある。いや、何だって焦がせば黒くなるな（それならタダ）。

イカ墨の黒い色素はメラニンで、アミノ酸のチロシンから合成されるドーパキノンが重合した分子だ（図２‐５）。私たちの髪の毛の黒色も、日焼けの黒も同じ。チロシンをドーパキノンにする酵素がチロシナーゼで、この酵素の活性の有無や強弱で肌や髪の色が決まる。世界中で、とくに米国で、いまだにチロシナーゼ活性の強弱で差別が行われている現実は悲しい。私はアルコールデヒドロゲナーゼの活性が低く、酔いがすぐ顔に出るけれど、これをもって差別・迫害されたらかなわない。なのに、それと大同小異な酵素活性による差別が横行しているわけだ。

それはそうと、西洋ではイカ墨は筆記用インクとしても重用されてきた。黒いだけでなく、適当な粘度があって、紙によく馴染んだためもある。モーツァルトもベートーベンも、楽譜はイカ墨で書いていた（図２‐６）。古くなると風情ある茶色になって、この色をセピア色というが、セピアとはイカという意味だ。[18]

ドイツ語ではイカを Tintenfisch、つまり「インク魚」という。なぜ西洋では東洋の墨のように煤《すす》（純炭素）を筆記に使わなかったのかな、西洋だって煤はいくらでも出るし採れるし、炭素の墨なら何千年たっても変色しないのに、不思議だね。[19]

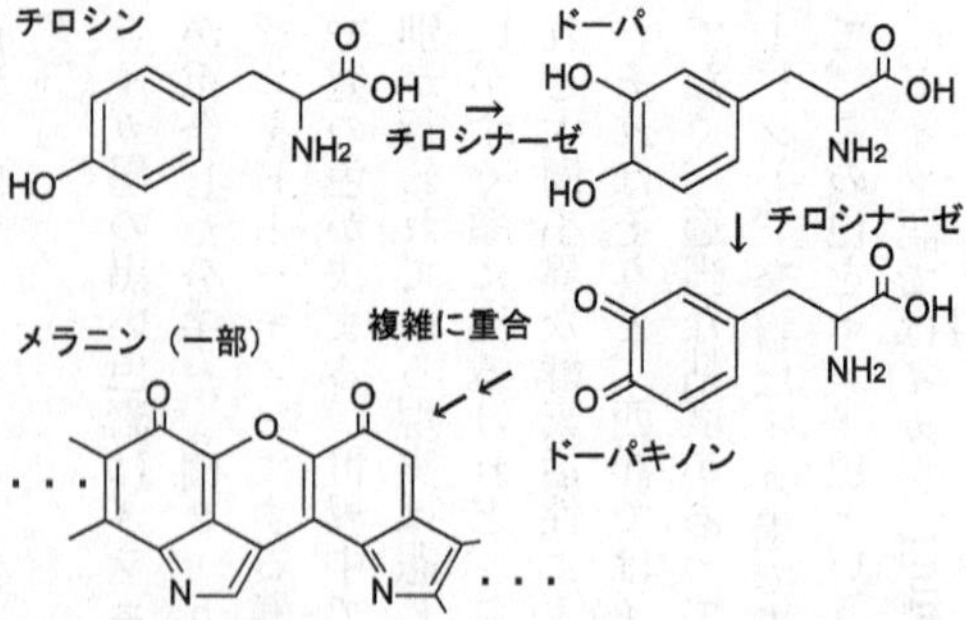

図 2-5　メラニン

アミノ酸の一つチロシンが酸化（酸素付加）されるとドーパ(DihydrOxyPhenylAlanine の略称）となり、ドーパが酸化（脱水素）されるとドーパキノンとなる。これらの酸化反応を触媒する酵素をチロシナーゼという。ドーパキノンが複雑に重合して褐色～黒色のメラニン類になる。

図 2-6　イカ墨で書いた楽譜
（聖徳大学・聖徳大学短期大学部提供）

W.A. モーツァルト（1756-1791）「セレナーデ・ニ長調」K.185 第 1 楽章冒頭部の自筆譜。

黄色い食材もたくさんある。卵、カボチャ、黄パプリカ、トウモロコシなどなど。パエリャなどでご飯を黄色くしたければ、サフラン（クロッカスのめしべ）を炊きこむ。だけどサフランは高すぎるので、私はウコン（ターメリック）を使う。おせちのきんとんをきれいに黄色く色づけするのはクチナシの実だが、これを使ってもいい。

卵黄の黄色は、赤のところで説明したカロテノイドだ。カボチャも黄パプリカもトウモロコシもそう。っていうか、卵黄の黄色の大部分は餌のトウモロコシの色素（ゼアキサンチン）に由来する。だから、昔の平飼《ひらが》いのニワトリの卵は今より白っぽかった。他の穀物由来の色素や葉緑素由来の色素もあるから、トウモロコシ抜きでも卵黄が真っ白になったりはしないけどね。黄身も白身も白かったら困るでしょ▽5。

さて、今日の実習は、ドイツ国旗風オムライスにしようか▼20。さっきの焼きそばも残さず食べとくれ。

解説1　分子の色

これまで繰り返し説明してきたように、光は電磁波である。物が電磁波を発するとはどういうことか。

物を構成する分子の周囲には、構成する原子の電子が回っている（周囲というよりそれを含めて分子のわけだが）。電子は最もエネルギーの低い、つまり安定な軌道を回っているが、外から特定の波長の電磁波を受けると、それを吸収してエネルギーの高い軌道に移る。

今、特定の波長といったが、それはこの底の軌道と上の軌道との差に、ちょうど等しい波長のことである。ピアノを置いてある部屋で「わー」と叫ぶと、その声の振動数とちょうど等しいピアノの弦が空気の振動を吸収して「ぶわーん」と鳴る。それと同じと考えていい。

しかし電子の軌道と軌道はとびとびで、中間はない（これを量子的という）から、吸収される電磁波の波長もとびとびになる。多くの分子では、この吸収波長は紫外線領域にあるが、電子が原子間で共有される範囲が広くなると、波長が可視光領域に移ってくる。

さて、有機物質の多くは炭素の鎖をもっている。たとえば図2－7のベンゼンは①のように六個の炭素原子の環だが、その炭素原子の周囲の電子の一部は、自分の主人の炭素原子の束縛を離れ、群としてこの炭素環の周囲にいる。

つまり、ベンゼンは、ふつう①のように一つおきに二重結合を書くが、これはただの便宜上の表記で、じつは六つの炭素間結合は平等で、②のように書いたほうが、電子の点では正しいのだ。こういう電子をπ電子といい、こういう状態を電子の共役《きょうやく》という。

さて、③はニンジンの色素βカロテンの分子で、数えようにもよるが二六個の炭素原子が電子を「供出」して共役させている。こうなると、吸収する電磁波の波長は可視光域に届き、四六六ナノメートル（青）～四九七ナノメートル（緑）の光を吸収する。吸収しなかった光は反射する。太陽光（白色光）の下においたニンジンは、青～緑の光を吸収し、黄～赤の光を反射する。だからニンジンは赤い。

先の図2－3のクロロフィルにも長い共役電子の範囲があり、四三〇ナノメートル（紫）～六八〇ナノメートル（赤）の光を吸収する（実際は隣接分子の状況で若干変わる）。だから白色光の下で植物の葉は緑色をしている。

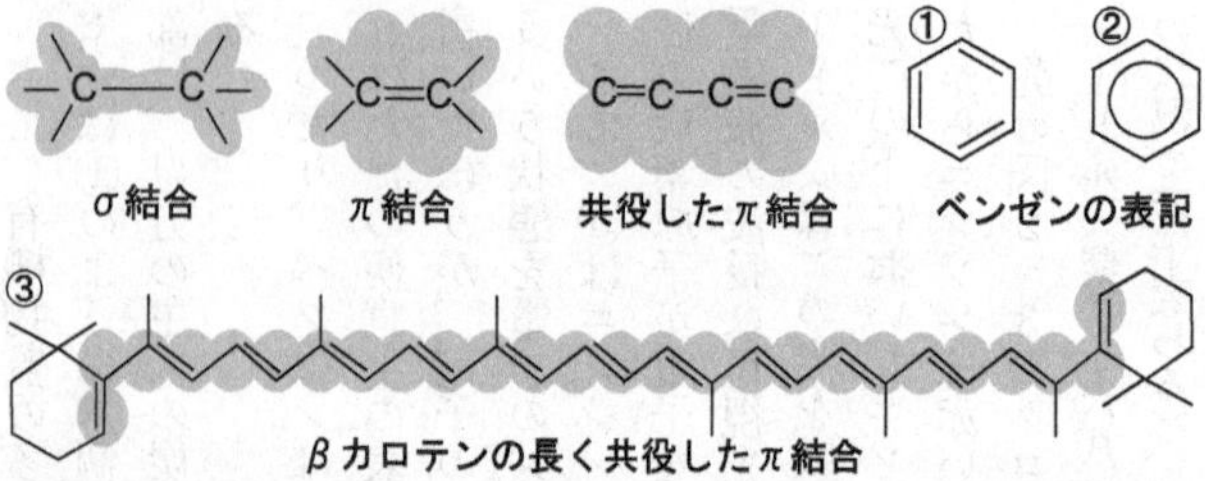

図 2-7　π結合

炭化水素の鎖で、炭素炭素間・炭素水素間の一重結合は s 軌道電子の共有による結合（σ結合）であるが、二重結合の一つは p 軌道電子の共有による結合（π結合）である。π結合では、電子は「出身」の炭素に縛られず自由に移動する。この状態を「電子の非局在化」または「共役」という。ベンゼン環は、夢にウロボロスの蛇（自分の尾を飲んで輪になった蛇）を見たアウグスト・ケクレ（1829-1896）に敬意を表して、彼のスタイル（一つおきの二重結合）で①のように書くのがふつうだが、実際には電子は 6 個の炭素上に非局在化しており、②のように書くほうが実情に合う。共役が 1 単位（2 炭素）のびるごとに約 30nm ずつ共鳴波長が長くなり、③に示すβカロテンでは 26 炭素が共役して、共鳴（吸収）波長が可視光域（青）に入る。だから補色の橙色が見える。

解説2　青いバラの誕生

英語で blue rose というと、「かなわぬ恋」「不可能なこと」の比喩になるという。

田中良和氏は、阪大大学院で細菌のエネルギー生産を研究し、サントリー入社後は社業の本流である酵母の遺伝子組み換えを行っていたが、一九九〇年、新規テーマへの取り組みを始めた。

それが「青いバラ」の作出だった。

「青色色素を合成する酵素の遺伝子を一つ入れればいい」くらいの軽いノリだった。社長は「やってみなはれ」といった（たぶん）。しかし、二〇一四年のNHK連続テレビ小説『マッサン』で、亀山正春（＝竹鶴政孝）が鴨居商店（＝サントリー）で苦労したウィスキーづくり同様、そう簡単ではなかった▽6。

花の色は、花びらの細胞の液胞中に溶けているアントシアニン類による（カロテノイドによる色もある）。アントシアニン類は、本文中にも書いたように色素と糖の化合物（配糖体）だが、代表的な色素には、赤色のペラルゴニ

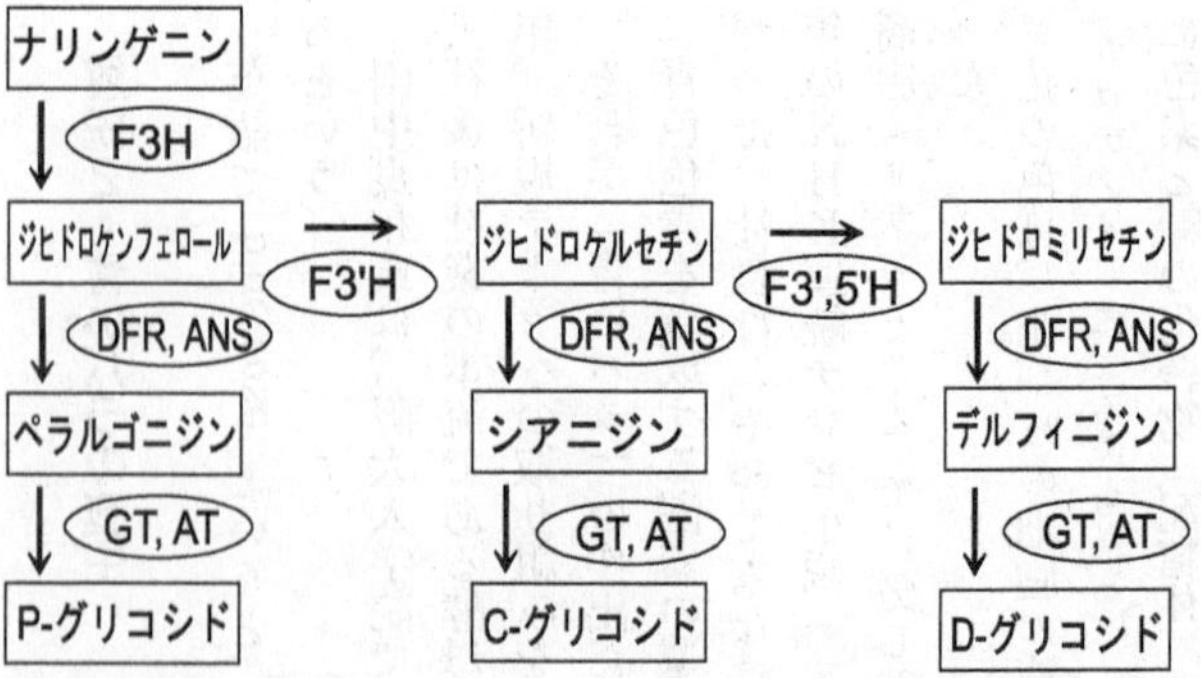

図 2-8　青いバラ

長方形内は物質名、楕円内は酵素名。F3H はフラボノイド -3- ヒドロキシラーゼ、F3′H はフラボノイド -3′- ヒドロキシラーゼ、F3′,5′H はフラボノイド -3′,5′- ヒドロキシラーゼ、DFR はジヒドロフラボノール -4- レダクターゼ、ANS はアントシアニジンシンターゼ、GT はグリコシルトランスフェラーゼ、AT はアセチルトランスフェラーゼの略記。第一の目標はデルフィニジンをつくらせること。次の目標はそれをグリコシドにして安定化させること。

ジン（P）、赤紫色のシアニジン（C）、青色のデルフィニジン（D）がある。これらは、共通の材料物質ジヒドロケンフェロールからつくられるが、バラはF3',5'Hをもたないため、PとCはできてもDはできない（図2－8）。そこでペチュニアのF3',5'Hの遺伝子を入れることを考え、これを取り出した。ここまでは順調。

ところが、これをバラに入れてもDはつくられなかった。何か手違いがあったか。そんなことはない。カーネーションに入れれば、ちゃんとDができて、青いカーネーションになった（これはこれで成功で、今『ムーンダスト』の名で商品になっている）のだから。しかし、バラでは働かない。どうやら酵素には「相性」があるらしい。なぜ相性があるのかはいまだにわからない。とにかく試してみるしかない。

そこで、青い花をつける他の植物からF3',5'H遺伝子を取って入れてみる作業が繰り返された。これは面倒な作業だ。田中氏が手慣れた細菌や酵母への遺伝子導入なら、あっという間に成功・不成功の答えが出る。しかし、花はそうはいかない。

まず、葉を刻んで培養する。モコモコの塊ができる（カルスという）。それに目的の遺伝子を導入し、うまく入ったものだけを選別して培養を続けるうち、カルスから芽が出る。これを植え替えて育てると、半年後に花が咲く。こうしてやっと成功・不成功がわかるのだ。一サイクルに八～九ヵ月、実験としてはきわめて非能率だ。これを辛抱強く繰り返した結果、パンジーのF3',5'H ならバラでも働くことがわかった。これで少し青くなった。しかし、まだ十分には青くない。Dはできても液胞内で分解されてしまうからだ。そこでトレニア由来の酵素5ATの遺伝子を入れて、つくられたDをD3G5CGという形に変え、壊されにくくすることにした。

また、植物の液胞はH^+イオンを取りこみ、徐々に酸性になる。本文に書いたように、アントシアニン類は、アルカリ性・中性のもとでは青いが、酸性下では赤くなる。だから液胞のH^+取りこみ能力が低く、酸性になりにくい品種を母木に選んだ。

これらの組み合わせで、二〇〇〇年ころやっと青色が安定した。今、市場に出ている青いバラ『アプローズ』はこの段階である。ここまでに一〇年かかった。

「青いバラ」が技術的にできあがっても、これが商品になるには、遺伝子組み換え生物としての安全性についての長い長い審査をパスしなければならない。『アプローズ』が花屋の店頭にお目見えしたのは、結局作出八年後の二〇〇八年のことである。

もっと青くするには、Dができるだけでなく、PとCを減らすことが望ましい。DFRをなくせばいいかというと、それではDもつくれなくなってしまう。

これも試行錯誤の結果、バラからバラ自身のDFRを減らし、アヤメのDFR遺伝子を入れればいいことがわかった。[▽7] 以前苦しんだ「相性」がここでは味方になった。しかし、この「アプローズ改」は、まだ市場に出ていない。

解説3　光と光合成

クロロフィルが光を吸収して何をするのかから説明しよう。[▽8]

まず第一に光のエネルギーを使って水を分解し、水素イオンを葉緑体内部の袋（チラコイド）の中にためこみつつ、電子を取り出す。式に書くと、

$$2 \times H_2O \rightarrow O_2 + 4H^+ + 4e^-$$

である。

そう、ここで廃棄物として出るO_2こそ、私たちの命の素である。今の地球の大気の二五パーセントを占める酸素の大部分は、葉緑体が水を分解して捨

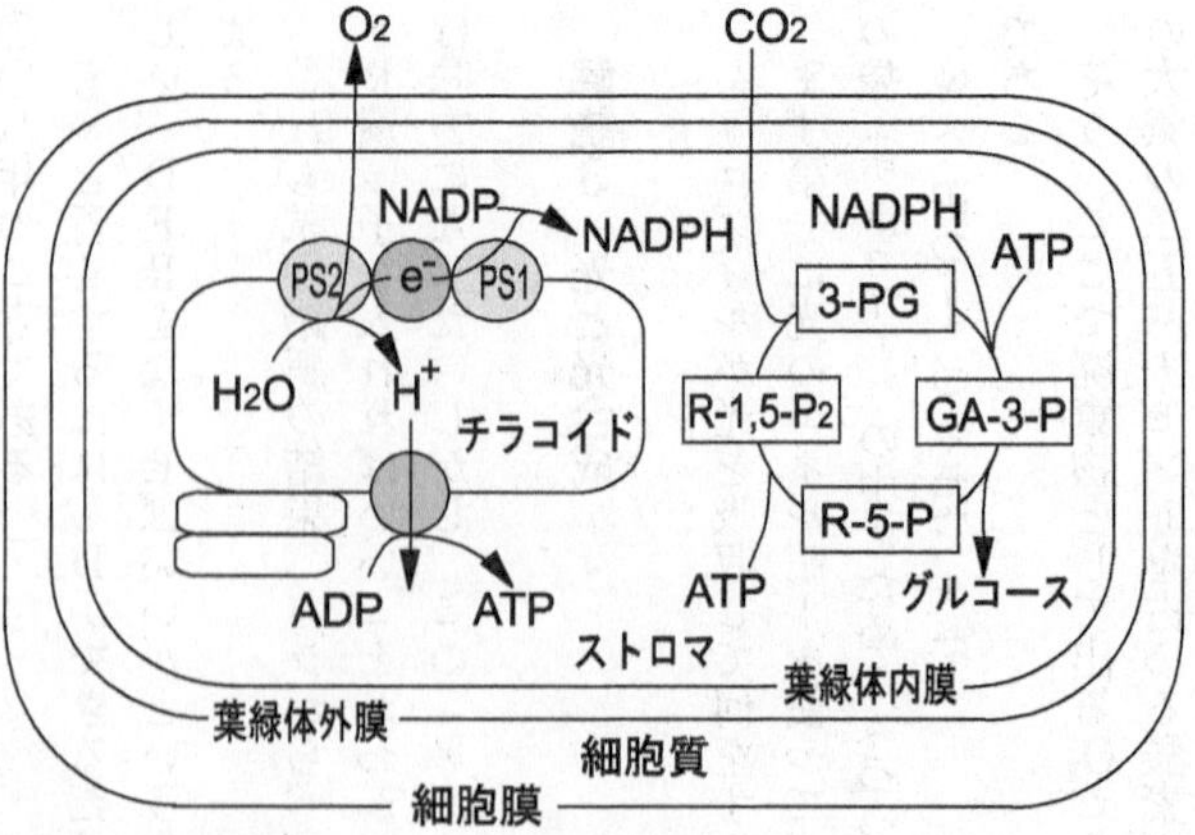

図 2-9　光合成

二重四角形は葉緑体を示す。葉緑体は葉の細胞の中にあるから、葉緑体の外は葉の細胞の細胞質。葉緑体の内部をストロマ、内部の袋状構造をチラコイドという。チラコイド膜上にある PS2（光化学系Ⅱ）がクロロフィルで赤色光を受けると、水が分解されて酸素ガス O_2 と水素イオン H^+ と電子 e^- がつくられる。チラコイド内腔に蓄積した H^+ が濃度勾配にしたがってストロマに流出するとき ATP がつくられる。e^- は PS1（光化学系Ⅰ）でもう一度励起され、そのエネルギーで NADP が還元されて NADPH がつくられる。こうしてできた ATP と NADPH で循環反応（カルヴィン・ベンソン回路）が回り、炭酸ガス CO_2 が取りこまれてグルコースがつくられる。図中長方形内は物質名の略称で、R-1,5-P_2 はリブロース-1,5-ビスリン酸、3-PG は 3-ホスホグリセリン酸、GA-3-P はグリセルアルデヒド-3-リン酸、R-5-Pはリブロース-5-リン酸。

てたものなのである。地球大気には、光合成植物が登場するまで酸素はごくわずかしか存在しなかったのだ。

葉緑体はこの高エネルギーの電子を転がして葉緑体内部のH^+をチラコイド内に運ぶ。

次にクロロフィルはもう一度働く。光エネルギーをこの電子に渡すのだ。半分失ったエネルギーをもう一度補充された電子はフェレドキシンという分子の中に入り、NADP$^+$分子をNADPHに変化させる（還元する）。

一方、チラコイド内にためられたH^+は、濃くなってきたから袋の外に出たい。そのH^+の戻り流を利用してATPがつくられる。

ダムで、水を高いところから低いところに落とすときタービンを回して発電するのと同じで、H^+イオンを濃度の高いところから低いところに落とすとき、仕事をさせるわけである。

かくして葉緑体はNADPHとATPを獲得する。

全体を通していえば、太陽光のエネルギーは、電子のエネルギーに変えられ、ついでNADPHとATPの化学エネルギーに変えられる。葉緑体はこれらを使って空気中の炭酸ガスを糖に取りこむのだ。式で書くと、

$C_5H_8O_5(PO_3)_2 + CO_2 + H_2O \rightarrow 2 \times C_3H_5O_4(PO_3)$

となる。

このように、空気中のガスを生物の利用可能な化合物の中に取りこむことを固定という。ここでは炭酸ガスの固定だ（窒素ガスのアンモニアへの固定は、マメ類の根に住む細菌が行う）。

光合成で最も重要なこの炭素固定の過程（カルヴィン・ベンソン回路）を決定したのはメルヴィン・カルヴィン（1911-1997）で、一九六一年ノーベル化学賞を受賞した。

この反応を担う酵素、リブロース-1,5-ビスリン酸-カルボキシラーゼ／オキシゲナーゼ（ribulose-1,5-bisphosphate carboxylase/oxygenase）は、精製前「分画その一」と呼ばれていたが、精製に成功したサム・ワイルドマン（1912-2004）が一九七九年UCLAを退官するとき、弟子のデービッド・アイゼンバーグ（1939-）がナビスコ（Nabisco: National Biscuit Company）のクラッカー（リッツだろう）を掲げながら、この酵素をrubisco《ルビスコ》と呼ぼうといった▽9。ウケた。以来この名が定着した。

この酵素は大変に反応速度が遅く、一秒間に数回転しかしない。だから、もしこの酵素を遺伝子技術で改良して能率を上げられれば、食糧問題も地球温暖化のCO_2排出問題も解決するのだが、いまだに誰も成功していない。

それでも植物は大量の光合成をしている。ということは、この酵素が、能率は悪いが大量にある、ということを意味するわけで、事実、ルビスコは地球上で最も多量に存在するタンパク質である。

注

▼1――ちなみに、青色一号（ブリリアント・ブルー）には、神経炎緩和の薬効がある。ただし、全身が真っ青になるという若干の副作用がある。▽10

▼2――糖と色素が結合した物質。糖にも色素にもいろいろな種類、組み合わせがある。

▼3――リトマス試験紙とは、リトマスゴケのアントシアニン色素（主に7-ヒドロキシフェノキサゾン）をしみこませた濾紙。リトマスゴケは植物学的にはコケではなく、地衣類、つまりキノコと藻類の共生体。

▼4――煮たのは細胞を破壊して色素を細胞外に出し、次に入れる焼きそば麺との接触機会を増やすのが目的。

▼5――鹹水は、炭酸カリウムや炭酸ナトリウムを主成分とするアルカリ性溶液。

▼6――料理としてどうかを別にすれば、酢を使えばもっとはっきりわかる。

▼7――クルクミンはアントシアニン類（三つの芳香環をもつ）ではない二環系の色素

で、色の変化が逆、アルカリで赤くなる。
▼8――大和撫子は、いつの間にか日本女性のたおやかさを讃える美称として使われるようになったが、もともとはとくに褒め言葉というわけではない。
▼9――ハーブティーにもいろいろあるが、香りを楽しむならカモミール、ラベンダー、タイム、サプリメント効果を狙うなら、ビタミンC豊富なローズヒップ（イヌバラの実）がお奨め。第二次大戦中の英国では、ドイツの潜水艦に商船が沈められてレモン、オレンジが輸入できず、英国民はビタミンC補給にローズヒップを摘んだ。▽11
▼10――ウスベニアオイのアントシアニンの色素部はマルビジン、紫キャベツのそれはシアニジン、ペチュニアのそれはデルフィニジン。
▼11――オリーブ油ベースのソースのパスタにはスパゲティよりリングイネがお奨め。平たいほうが表面積が広く、ソースがからむから。しかし、その分のびやすいから、水気の多いソースには逆効果。
▼12――それだけでなく、細胞の呼吸での主役分子の一つシトクロムも、体内で悪さをする活性酸素を中和するペルオキシダーゼも類似分子団をもつ。
▼13――もちろんポルフィリン環を使わずに金属を抱えているタンパク質もある。
▼14――bili（胆汁の）verde（緑色）in（因）、bili（胆汁の）ruber（赤色）in（因）。
▼15――ビリベルジンは筋細胞の中にできるから、筋肉を横断する切り方をすると、全

筋細胞が切断されて、出てくる量が多い。筋繊維に平行に切ればあまり出ない。ハムやベーコンに出やすいのは切り方のせい。

▼16――俗に「鳥目《とりめ》」というが、たまたまニワトリがそうなだけで、鳥一般は、夜間目が見えないということはない。アテネの知恵の象徴たるミネルバのフクロウのように、夜行性の鳥も少なくない。▽12

▼17――アラブの国々の国旗は、エジプトの赤・白・黒を引き継いでいるケースが多い。その黒は過去の圧政の象徴で、だから一番下に置かれる。▽13

▼18――オウシュウコウイカの学名は *Sepia officinalis*、柳葉敏郎が属したユニットの名を『一世風靡セピア』といったが、なんでイカなのだろう。

▼19――アジアの墨は煤を膠《にかわ》で溶くが、膠はコラーゲン（煮たのがゼラチン）で、これも洋の東西を問わずいくらでもある。ちなみに日本の上等な膠は鮸《にべ》という魚のゼラチンで、話に取り着かないことを、「膠が足りない」の意味で「にべもない」という。▽14

▼20――残りご飯をケチャップライスにし、イカ墨を混ぜて黒くする。別に薄焼き卵をつくってきれいに包む。本当はフライパンの上で包みたいが、素人には無理。中のライスを外に見せないのが肝心。卵の上にケチャップ。ナイフを入れると中から黒ライスが出てきてサプライズ、という趣向はどうだろう。

第3講　香りの話

嗅覚とは何か

第1講で、食味を決めるのは、味覚だけではなく嗅覚も大きい、といった。

では、嗅覚とは何だろうか。

教科書的には「化学物質が鼻腔の受容器と接触して生じる感覚」だけど、それでは「化学物質が口腔の受容器と接触して生じる感覚」である味覚と、センサー位置の差でしかない。▽1 なんで二種類必要なのだろう。魚のように、味も匂いも水と一緒にやってくる動物にとって、なんでセンサーを鼻と口に分けて配置する必要があるのだろう。私は、味と匂いは刺激源物質の種類やセンサーで分けるのではなく、生物がその情報を何に使うかで区別したほうが正解に近いと考える。

味覚は、対象に接近して口に入れ、そこで初めて得られる情報で、栄養があるかないか毒か毒でないか、要するに「取りこんでよいかどうか」の判断材料とする。つまり、「個体の維持のための近距離情報」だ。

それに対して、嗅覚は、はるか離れた位置にある対象の性質に関する情報を引き出すもので、敵やライバルがいないか、生殖行動が可能か、餌の多寡を含めた生存に適した環境かどうか、要するに近づくべきか遠ざかるべきかの判断材料とする。つまり、

「種《しゅ》の保存のための遠距離情報」だろう。

匂い源は多種多様だ。敵や捕食者の匂いと、味方や配偶相手の匂いを嗅ぎ分けられなければ、自身と種の存亡にかかわる。だから、対象の識別のために、多種多様な受容体を用意しておく必要がある。

味覚源だって多種多様だが、地球上の動物の大部分は食性が決まっていて、味覚が扱うべき情報は、味覚源の識別よりも、栄養が多いか少ないか（甘鹹旨）、腐敗の程度（酸）、毒物混在の有無（苦）さえ判別できれば生存には十分なのだ。だから、原味は四つか五つで十分なのだろう。それ以上の「隠し味を味わい分ける」のはおそらくヒトだけの「趣味」で、実際味わい分けられなかったからといって、命にかかわることはない。

匂い源の多様さに応じて受容体も多数種あり、▽2 したがって「原臭《げんしゅう》は何百何千とある」というと、違和感を覚えるかもしれない。「原」という表現には、少数の要素の混合で多数を表現するという含意があるから、何百何千とあったらもう「原」じゃない、というかもしれない。そこは生物学の問題というより、日本語の問題だ。

ともかく、焼きたてのパンは、その多くの香気成分のうち、フルフラールはフルフラール受容体を、▼1 2-アセチル-1-メチルピロリジンは2-アセチル-1-メチルピロリジン受容体を……、とそれぞれの原臭受容体を活性化して脳に伝え、脳が「この組み合わせからすると、「ははあ、焼きたてパンだな」と判断するわけである【解説1・嗅覚の生物学】。

コーヒーふたたび

匂い（香り）が味を上回って価値をもつ食品の代表格は、コーヒーだろう。コーヒーについては、『実況・料理生物学』（大阪大学出版会）でも解説したけれど、内容は重ならないので、再度の登場をお許し願いたい。

　コーヒーの香気成分の研究は、歴史が古い。分析技術が進めば進むほど新しい成分が見つかる。それは、コーヒー豆に含まれる成分の分析が難しいということばかりではなく、焙煎という過程で、それらの成分が相互に化学反応を行って、しかも繰り返し行って、新たな分子種をつくり出していくことによる。だから、キリなくあり、キリなく見つかる。

　とはいえ、中心的なものはだいたい以下の通りだ（図3－1）。カロテノイドの分解で生じるダマセノン、糖の加熱で生じるフルフラール類（とくにフラネオールやアミノ酸と化合したフルフリルチオール）、木質《もくしつ》の分解で生じるグアヤコール類（とくにバニリン）、糖とアミノ酸のメイラード反応産物のピラジン類（とくにエチルジメチルピラ

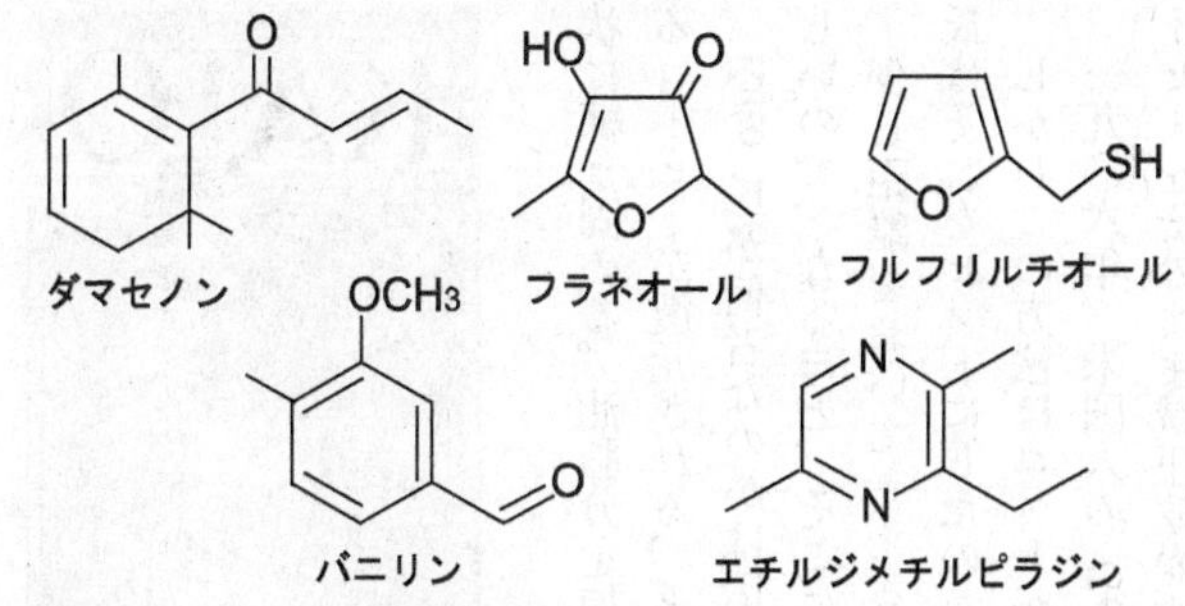

図3-1　コーヒーの香気成分いくつか

ジン）▽3。

これらの香気成分は水に溶けない。溶けないからこそ、淹《い》れたてのコーヒーから揮発して立ち上ってくるわけだ。だから、淹れたコーヒーを乾燥して粉にしたあとお湯を入れて溶かしても、淹れたてのコーヒーは復元できない。インスタント・コーヒーは、スープの素よりデリケートな製品なのだ。それに最初に成功して特許をとったのは日本人だ。

一九〇一年、バッファロー市での全米物産博覧会で、日本人化学者 Satori Kato 氏（生没年不詳）が『湯で溶く珈琲《ソリュブル・カフィー》』という製品を試供した（図3−2）。この製品は一九〇三年に米国特許を認可されているのだが、その特許状によると製法は以下のようだ。

まず焙煎して粉砕した豆を揮発油で洗い、油脂分を抽出する。次に残りの豆粉を熱湯で抽出し、水溶性画分だけのコーヒーをえる。これを減圧して乾燥し、えられた粉末を、さきの油脂分と再混合して粒

図3-2　全米物産博覧会で配布されたKATOコーヒーの宣伝パンフの表紙
この女性が誰でなぜ口を塞いでいるのか、伝わっていない。

状に練り固める。油脂分を加熱していないのがミソで、この粒に熱湯を注げば薫香あるコーヒーが復元される、という寸法だ。

Kato氏が何者なのかは伝わっていないが、シカゴ大学でお茶の研究をしていたらしいので、なるほど、そこに香りにこだわるルーツがあったのだろう。

少し距離をおいて考えると、この製法はチョコレートの製法と似ている。[▼2▽4] Kato氏はそれをヒントにしたのかもしれない。

しかしこの方法はコストがかかる。特許の買い手はほとんどつかなかった。

一九〇六年、米国人のGeorge Constant Washington氏（1871-1946）が、淹れたコーヒーをそのまま減圧乾燥する方法で米国特許をとっている。でも、Kato氏はそれではダメだから脂溶性成分の別抽出をしたのであって、Washington 法は進歩でなく退歩だね。しかし、こちらのほうが現在のインスタント・コーヒーにつながっていくから、わからないものだ。

一九三〇年代、Nestle《ネスレ》社は Washington 法の改良として、減圧乾燥ではなく、コーヒー液を高熱のタンク内に噴霧して乾燥する方法（スプレー・ドライ式）を開発した。乾燥までの時間が短いので薫香の残存率も多少は高かったろうが、Kato 氏にしたら、やはり大いに不満な方法だろう。

しかし、タイミングがよかった。一九三九年九月、第二次世界大戦勃発。しばらくは中立を保っていた米国も、ほどなく戦争に突入する。兵士の糧食に、「香りが不足」などという不満はいわせない。ともかくほっと一息つけ、カフェインで目が覚めたらそれでいいのだ。Nestle 社のインスタント・コーヒーは、米軍御用達《ごようたし》で一気に世界展開した▼3▽5。

今のインスタント・コーヒーは、スプレー・ドライ式（コナコナのやつ）より、コーヒー液をまず凍結して減圧乾燥するフリーズ・ドライ式（フレーク状のやつ）が主力になった。加温は最初にコーヒー液をつくったときだけだから、香りの保存率も糧食よりマシではある。しかし、それでもきっと Kato 氏は不満だろう。

さっきいったように、コーヒーの香りの大どころはわかっているのだから、飛んだ分を人工香料で補ってしまう手はあるのだが、今のところどのメーカーもそれはしていないようだ[▼4]。コスト割れになるのだろう。

話はとぶが、「世界三大発明」といって、羅針盤・火薬・印刷術があげられる。これに紙を加えて四大発明ということもある[▽6]。いずれも古代中国人の発明が、ルネサンス期の欧州で改良されたものだ。これになぞらえて、日本人の三大発明というのもいわれることがある。二股ソケット、ゴム底地下足袋、亀の子タワシだという[▽7]。おいおい、ずいぶんスケールが小さいねえ。どれも残ってないじゃないか（タワシはあるか）。そこで、新・日本人の三大発明を今選定するなら、インスタント・コーヒーはきっとランク入りするはずだ。あとは、乾電池[▼5]（図3-3）、インスタント・ラーメンかな[▼6]。カラオケかな。

図3-3　乾電池の現在

左からアルカリ単1～単6。単6は店で売っていない？　売ってます。ラジオ用の角型乾電池006P（最右）の中に6本入ってます。ただし、バラしても何の使い道もないので、開けるのはお奨めしません。

イヌの嗅覚ゾウの嗅覚

犯人の足跡から行方を追う警察犬や、税関で麻薬探知犬が活躍するように、イヌは嗅覚に優れているといわれる。【解説1：嗅覚の生物学】でも述べるが、嗅細胞は鼻の奥（鼻腔）の嗅上皮に並んでいて、この嗅上皮の面積がイヌではヒダヒダを繰り返して非常に広い。それだけ多数の嗅細胞を配置できるわけで、感度の高さがわかる。ヒトの嗅上皮表面積は六・四平方センチ程度だが、イヌのそれは（平均的なサイズの犬種で）五八〇平方センチもあり、嗅細胞の数はヒトの五〇〇万個に対しイヌは一〇億個以上あるという[▽8]。これを根拠にイヌはヒトより二〇〇倍以上鼻が利く、という言い方もされる。

しかし、多数の細胞があるだけでは、感度は高まっても弁別能[▼7]を上げることはできない。イヌの匂い受容体の分子種が本当に多いか（いいかえると、イヌには原臭が多いか）という問いには、最近まで答えることができなかった。

ところが、まず一九九五年にインフルエンザ菌[▼8]のゲノム[▼9]が解読されたのを皮切りに、次々に多くの動・植物種のゲノムが解読され、比較可能になった。

二〇〇一年に解明されたヒトゲノムには約九〇〇種の匂い受容体遺伝子があったが、

二〇〇五年に解明されたイヌゲノムで新たに八〇〇種見つかった。[▽9]たしかにイヌのほうが多いには多いが、桁違いというほどではなかった。

これまで調べられた中で、嗅覚受容体分子種が一番多いのはゾウである。[▼10][▽10]だから、ニューデリーの空港の税関では麻薬探知象が活躍している（うそうそ）。

私が、ニューヨーク郊外で数カ月暮らしたとき、夜半ゴミバケツ（鉄製）をひっくり返す音が聞こえて、飛び出そうとしたところ、大家さんに止められた。スカンクだろうから、というのだ。スカンクは米国大都市に最も多く住むノラ動物の一つで、最近どんどん増えているらしい。[▼11]それは、餌に苦労しないのと、生活圏を争うはずのノラ動物が勝負を避けるためで、実際、果敢にスカンクを攻めた若い番犬が一発を浴びて、以降ふさぎこんで犬小屋から出てこない、ということがよく起こるという。

スカンクの傍肛門洞腺《ぼうこうもんどうせん》分泌液の主成分はブテンチオールやメチルブタンチオールで、衣類につくと洗っても落ちず、捨てるしかない。イヌ以上に鼻の利くはずのゾウがスカンクに出会ったときの様子を想像したいが、幸か不幸か、ゾウは米国の大都市近郊でノラ化していない。[▼12]

ワインの匂い

オフコース（小田和正）の歌に『ワインの匂い』という曲がある。ワイン好きな女性が、過去に別れた人を思い出しながらピアノを弾く、というセンチメンタル・ソングだが、匂いには、たしかに思い出を呼び起こす力がある。なぜそうなのか正確には未解明だが、ある程度の憶測はできる。

脊椎動物の中枢神経系は、まず一本の管として出発する。やがてその前端の背中部分で、細胞が盛んに増殖し、三カ所の膨らみをつくる。これが脳のもとで、それぞれ前脳、中脳、後脳という。詳しいことは【解説2：動物の発生】、【解説3：中枢神経系と末梢神経系】を読んでほしいが、哺乳類では、前脳がのちに大脳になり、後脳がのちに小脳と延髄になる。元来前脳は嗅覚の、中脳は視覚の、後脳は振動覚（聴覚、速度覚、加速度覚）の処理装置として用意されたものである。

動物が賢くなると、それらの情報を一カ所に集めて「保存」したり、現在の状況と過去の経験とを照らし合わせて「判断」を下す要求が出てくる。それは脳のどこが請け負ってもよかったのだが、たまたま「お前ヒマじゃね、お前やれよ」といわれたのが、嗅覚担当の前脳、とくに海馬だった。[13]だから（ここにはかなり飛躍があるな）、嗅覚と記憶は、海馬でつながっているのだろう。

たしかにワインも、香りが大きな魅力の食品の一つだ。そのワインの保存が悪かったり、高温状態を経たりすると、コルク臭《ブショネ》（bouchonné）と呼ばれる異臭がつく。コルクにつくカビが生産するトリクロロアニソール（TCA、図3－4）という物質が犯人だとされる。出荷前にブショネがつくと、その樽全部が廃棄されることになり、醸造家は大打撃をこうむる。[11]

『刑事コロンボ』に、『別れのワイン』という名作がある。名人肌のワイン醸造家の兄が、事業優先で野心家の弟をワイン蔵に閉じこめて酸欠死させる話だが、換気の空調を数日間切ったために、蔵の高級ワインがわずかにブショネを帯びる。コロンボが兄を夕食に招待し、知らん顔でその蔵のワイン一本を飲ませると、兄は「こんなワイン飲めるか」と怒る。それこそが自白だ、という話である。

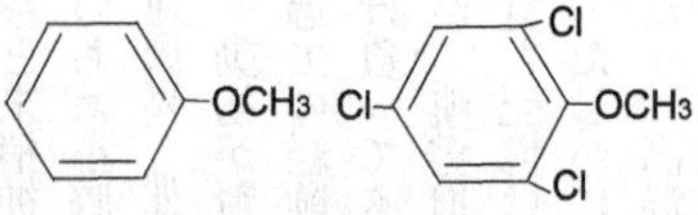

図3-4　トリクロロアニソール

アニソール（左）は、名が示すようにアニス（茴香《ういきょう》）の芳香だが、トリクロロアニソール（右）は木材のカビ臭。

わが大阪大学生命機能研究科の同僚、竹内裕子《ひろこ》氏と倉橋隆氏らは、最近、TCAはそれ自身がカビ臭いだけではなく、他の嗅細胞の興奮を抑えていい香りも感じなくさせる、二重に困った物質なのだと見抜いて発表した。ワインだけでなく、古くなって「風味の落ちた」食品の多くは、TCAを発生し、鼻の奥でまさに「風味を落として」いるらしい。[12]

これをうまく利用すれば[14]、新手法の消臭剤ができるかもしれない。

消臭剤

現在ホームセンターで売っている消臭剤には、大きく分けて二つのタイプがある。一つは活性炭や高分子ゲルに匂い物質を吸着させるもの（物理的消臭）。もう一つは、消したい匂いより強い匂い物質をふりまいて、覆い隠してしまうもの（感覚的消臭）だ。

物理的消臭も最近は凝ってきて、長い分子鎖のあちこちに正負の電荷や非極性部分を入れて、反対電荷を帯びた匂い物質を電気的に吸いつけたり、電荷をもたない匂い物質を疎水的に吸い寄せたりしている。また、触媒を導入して吸着した分子の分解を図るもの（化学的消臭）もある。

感覚的消臭は、もともと化粧品の多くがそれで、汗や分泌物の不快な匂いを別の芳香でごまかしていた。しかし、場合によっては、複数の強い匂いが混じり合って、最悪の匂いになってしまうこともある。知人の車が、排気ガスの匂いとラベンダーの匂いでムンムンで、とても乗り続けられなかったことがある。こういうときは、いっそ悪臭芳香もろともに感じなくなったほうがマシだと思う。

また、悪臭にさらされる職場の従業員（生ゴミ収集の作業員や、シー・シェパードにきついチーズ臭の酪酸入りの瓶を投げつけられる調査捕鯨船の乗組員など）は、よい匂いもいらないから、当面の悪臭を感じなくしてほしいだろう。

実際に香水の一部は、芳香で他をまぎらす効果だけでなく、他の匂い反応を下げるTCA同様の効果もあわせもっているらしい。ただ、某大学理学部化学科の研究者がこれを使って実験に励み、これまで以上にバンバン悪臭をふりまかれると、隣に住む生物学科の研究者は閉口する。いや、数学科の先生には「それを生物学科がいうか」と叱られるな。

加齢臭

香りを楽しむ料理の代表格は、ウナギのかば焼き、サンマの塩焼きも捨てがたいが、やはりカレーだろう。カレーの香りは『実況・料理生物学』に書いた。

カレーはカレーでも加齢臭は困る。加齢臭の本体は2-ノネナール（$C_9H_{16}O$）であるとされていた[13]（図3-5）。しかし、ノネナールはキュウリなどの野菜の青臭い匂いで、私は少し違うような気がしていた。匂いは順応[16]が顕著だが、私にもノネナールの匂いは敏感に感じとれる。私もオジサンだから加齢臭を発しているはずで、なのにノネナールに順応していないということは、ノネナールは加齢臭とは違うのではない

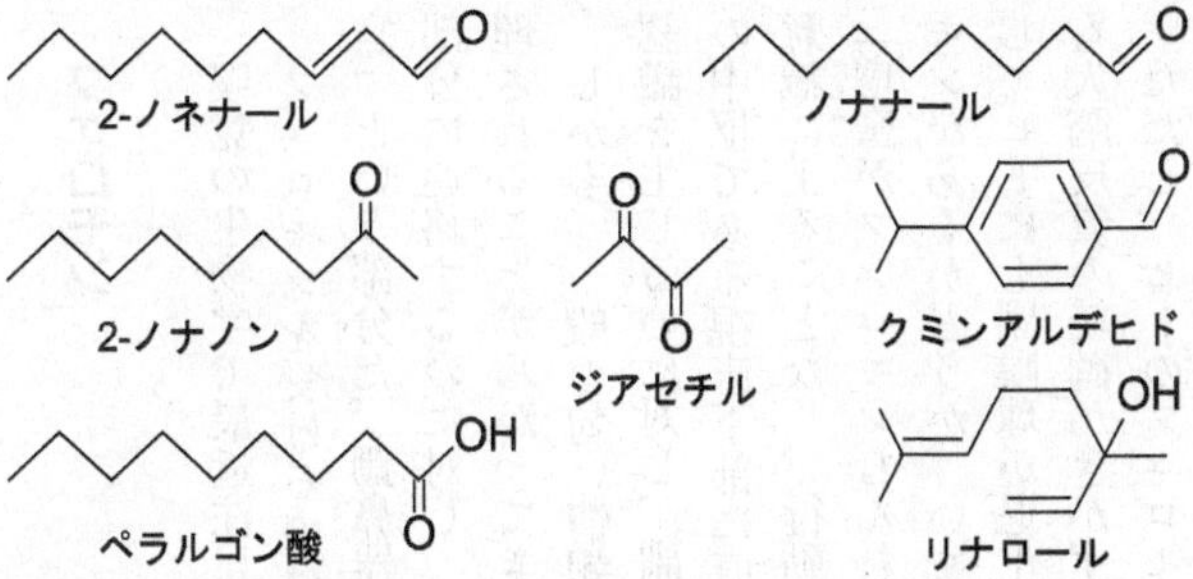

図3-5　かれー臭

ノネナール、ノナナール、ノナノン、ペラルゴン酸、ジアセチルは「加齢臭」の実体の候補物質。いずれも生体脂質の分解産物である。クミンアルデヒド（クミン香）、リナロール（コリアンダー香）、ノナナール（コリアンダー香）、はカレー香の実体。ノナナールはどちらにも登場。

かとひそかに思っていた。

それが最近（二〇一三年）になって、マンダムから、中年男性の頭皮からはジアセチル（$C_4H_6O_2$）が揮発しており、これが中年男性特有の脂っぽい匂いの本体だ、という報告が出された。[14] ジアセチルは日本酒の大敵「火落ち」（乳酸菌汚染による劣化）の臭気として、昔から知られている匂いだ。こちらのほうが「オジサン臭」にふさわしい。うーん、マンダム。いかにもチャールズ・ブロンソン（古いね）が発しそうな匂いだ。順応の問題は残るけれど。

なお、ジアセチルには、引火性がある。オヤジが「最近の若者は」と頭から湯気を立てて怒っているとき、火は近づけないほうがよさそうだ。

フェロモン

嗅覚の生物学で最近注目されているテーマの一つに、フェロモン受容がある。▼17

フェロモンを受けるのは鼻の奥、以前は嗅上皮の一部とみなされてきた「鋤鼻器《じょび》官」という部分だ。鋤鼻器官をよく調べてみると、嗅上皮の嗅神経が脳の嗅球《きゅうきゅう》という部分に連絡するのに対し、鋤鼻神経は副嗅球という別の部分に連絡し、別の経路で処理されることがわかってきた。つまり、一般の匂いとは別扱いを受けている。

しかも、一般の匂い情報は大脳皮質に届けられて、「ああ、何々の匂いだ」という認識を生じるのに対し、副嗅球のフェロモン情報は大脳皮質には向かわず、本能行動の中枢である視床下部に直接届けられるらしい。それはつまり、「これは何々だ」と意識に上ることなく、行動が直接引き起こされることを意味する。▽15

「壇蜜《だんみつ》がフェロモンむんむん」とかいうような比喩表現はおくとして、ヒトにフェロモンがあるかどうか、いまだに議論の余地が残るが、他の哺乳類に実在する以上、そしてヒトにも副嗅球が退化的ながら存在する以上、あると考えるのが論理的だ。しかも大脳皮質の統御がきかず、本能行動が直接誘発されるとは、ヤバイではないか。

ただし、ヒトのフェロモンで実在の確度が今のところ最も高いのは、女性どうしの間で排卵の周期を揃える作用をもつ物質だ。▼18 女性から男性へ働きかける「誘惑フェロモン」はまだ見つかっていない。今後見つかっても驚かないが、すでに言語によるコミュニケーション手段を獲得しているヒトが、そのような物質によるコミュニケーション手段を喪失しているとしても、また驚くにはあたらない。

解説1　嗅覚の生物学

嗅覚の生物学は、最近目覚ましい発展を遂げている。たとえば、酢酸ヘキシル（Aとしよう）という匂い物質を検出する細胞や、酪酸ペンチル（Bとしよう）を検出する細胞（つまりA受容体を発現する嗅細胞やB受容体を発現する嗅細胞）は、嗅上皮のあちこちに散在するのだが、それぞれは嗅球内の特定の一カ所の糸球体《しきゅうたい》に集中して情報を送る（図3－6）。糸球体で情報を受けた神経細胞は、それを大脳の梨状葉《りじょうよう》にブシャーっと送る。

すると大脳は「糸球体Aと糸球体Bから活動報告がきた。梨汁の匂いだ。ふなっしー▼19が近くにいるな」と判断を下す。

いいかえると、嗅球には匂いが地理的に地図のように表現されており、大脳はそのパターンで匂い認識を行う。だから、糸球体の数が原臭の数ということになる。

ただし、一つの匂い物質が一つの受容体にしか結合しない、一つの糸球体しか活動させない、というわけではない。酢酸ヘキシルのある部分構造がA

受容体と結合して糸球体Aを活動させ、別の部分構造がH受容体と結合して糸球体Hを活動させる、といったことはもちろんある。

神経細胞の大部分は、生後まもなく増殖をやめ、以後一生分裂・増殖をせず、何かの理由で死んだらもう再生しない。しかし、嗅細胞は数少ない例外の一つで、一生増殖し、補充される。

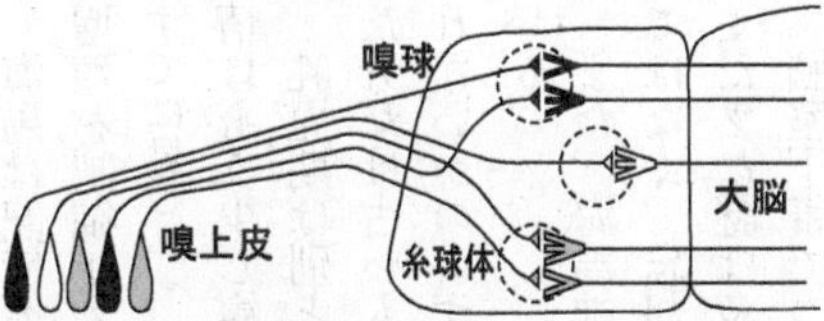

図 3-6　嗅覚経路
嗅上皮には各種類の匂い受容体をもつ嗅細胞がばらばらに存在するが、嗅球では同種類どうしが集まり、嗅細胞の軸索末端と房飾《ぼうしょく》細胞（V 形で表示）の突起と僧帽《そうぼう》細胞（W 形で表示）の突起がからみ合う糸球体を形成する。房飾細胞は早い情報を、僧帽細胞は遅いが高精度な情報を大脳梨状葉に送る。

その特殊さも不思議だが、新生嗅細胞はどうやって自分が情報を送るべき先の糸球体を探り当てるのか、その仕組みも不思議である。受容体分子自体が相手を見つける目印になっている可能性はあるが、本当にそうかどうかはわからない。

ちなみに哺乳動物の脳の中で、嗅細胞以外に増殖能を保ち続ける例外的な神経細胞（神経幹細胞）は、海馬歯状回と脳室下帯に見つかっている。

海馬は記憶の出入り口だから、「やった、脳の記憶にかぎりはない、この増殖を制御する方法を見つければ認知症は克服できるぞ（じつはその方法はすでに見つかっていて、運動をすることである）」と喜んでいいかというと、事情はもう少し複雑らしい。

乳児期は別として、成熟した海馬の神経細胞数は一定だから、新しく生じた分だけ古いものが死んでいるか、新しく生まれてはいても回路に組みこまれないかのいずれかということになる。それでは何の役にも立たないではないか。

また、海馬神経細胞の増殖を人工的に阻止すると、記憶ができなくなるのではなく、忘却ができなくなる、という報告もある。▽16 なんだか逆のようだ。まだまだ謎は多い。

脳室下帯でつくられる細胞は、局所的な抑制性神経細胞で、情報流路を規定するような遠くまで投射する神経細胞ではない。すると何のための増殖能維持なのか、またまたわからなくなる。

解説2　動物の発生▽17

たった一個の細胞である受精卵が、二個に四個にと分かれていき、やがて親と同じ体制をつくっていく過程を「発生」といい、その仕組みを調べる分野を「発生学」という。物理学の原理では説明できそうにない生物特有の経過のように思えるから、多くの生物学者を引きつけてきた分野だ。

なにしろ、エネルギー的に最も安定な形のはずの球形の受精卵が、何を間違ったか、真ん中から二つに分かれて二個になるのだから、物理学者に一泡ふかせてやりたいと思う「生物大好き」人にも、いや物理法則で説明してやろうと意気ごむ「物理大好き」人にも、魅力的なテーマである（もちろんこの宇宙で物理法則に反した現象の起きようはずはないのだが）。

それはさておき、受精卵は分裂を繰り返していくうちに、内に空洞を抱えたゴムボールのような形になる（図3－7のA）。この段階を胞胚という。次に、ゴムボールの一端が凹み、やがてボールを両親指で押しつぶしたようなお椀型になる（B）。この段階を嚢胚《のうはい》という。凹み始めた場所を原口、できた空洞を原腸という。

棘皮《きょくひ》動物（ウニやヒトデ）、脊索動物（ホヤ）、脊椎動物（魚やヘビやヒト）は、原口を将来の肛門として使い、反対側に突き抜いた先を口にする。原腸ができたあと、不思議なことが起こる。背中の中央線が内側に落ちこん

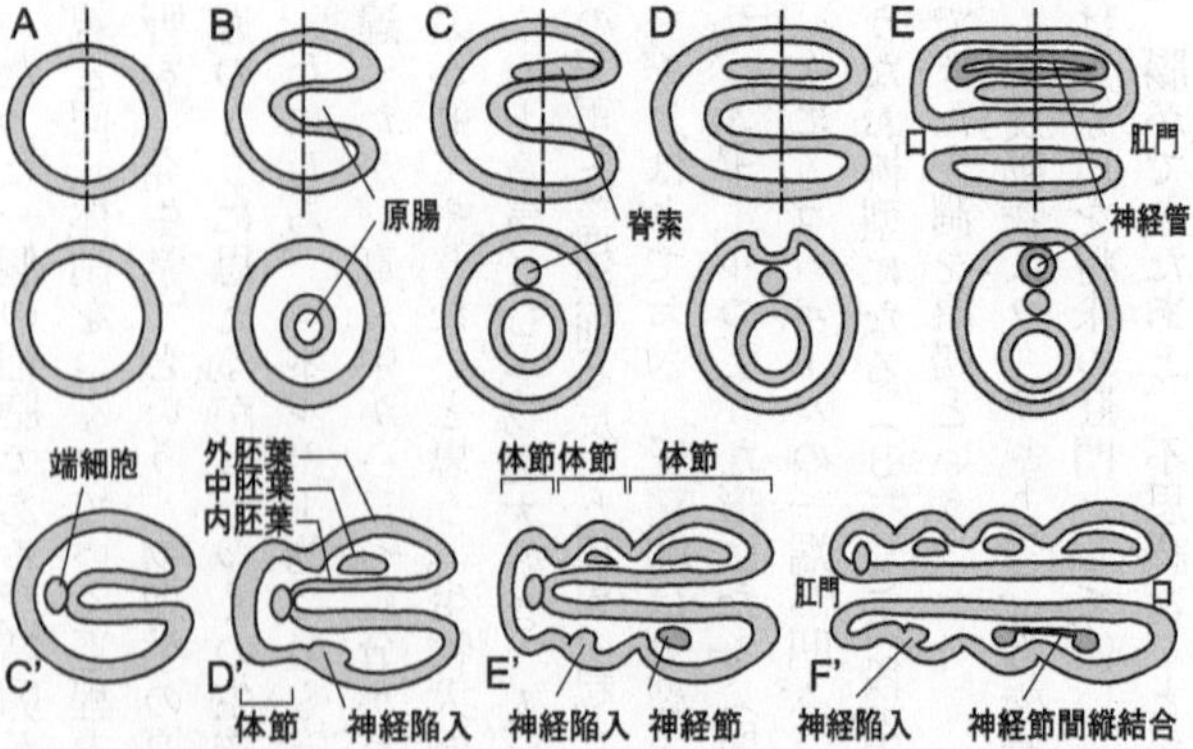

図 3-7 動物の発生

受精卵は分裂を重ねて袋状になり（A）、ついで凹んで二重の袋状になる（B）。脊椎動物などでは腸管の背側に脊索が分離し（C）、脊索は背側外胚葉を内側に引きこんで管をつくる。（D、E：第一次神経陥入）。環形動物などでは、AB まで共通。原腸の末端に端細胞が現れ（C'）、体節が後ろにのびていくごとに、端細胞が中胚葉（筋肉や腎など）をつくる。原腸の腹側に細胞が陥入して神経節をつくる（D'、E'）。神経節細胞は縦横に突起をのばして連絡し、ハシゴ型の神経系をつくる（F'）（小倉・冨永『記憶の細胞生物学』にもとづく）。

で管をつくるのだ（C〜E）。この管を神経管といい、中枢神経系のもと（原基）になる。背側に神経管、腹側に腸管という配置になるから、脊髄、ハラワタと呼ぶ。

それに対して、原口をそのまま口に使う動物群がある。環形動物（ミミズやヒル）、節足動物（昆虫やエビ）、軟体動物（貝類やイカ）で、体の後端を一セットずつ複製しながら後ろにのばしていく（C'〜F'）。この各セットを体節という。

神経系は体節ごとに腹側の表皮細胞の一部が落ちこんで左右一対の細胞塊（神経節）をつくる。神経節は、縦と横に突起を出して連絡し合い、ハシゴ状になる。その結果、腹側に神経、背側に腸管という配置になるから、腹髄・セワタと呼ぶ。エビフライをつくるとき、見場《みば》をよくするのに竹串で引き抜くのはセワタ、エビの腸だ。

エビにいわせれば、魚や人間は「おかしな奴らだ、前後上下逆さで暮らしていやがる」と不思議がっているはずである。

両方式とも、原腸の細胞は卵黄の表面を覆う形で広がる。つまり卵黄は、はじめから胚（発達中の動物体）の腸の中にある。孵化する前の子魚たちは、「あれえ、これ、いつ食べたんだろ、気がついたときにはもうおなかの中にあったよ」と思っているはずである。

なお、卵白は、クッションと乾燥防止と外から入るバイキンを溶かす防御が役目で、体づくりには関係しない。

解説3　中枢神経系と末梢神経系

解説2で、脊椎動物の神経系が、胚の背中の表皮の落ちこみ（陥入）でできるといった。その続きを説明しよう。

やがて神経管の先端部がさかんに細胞を増やし、三つの膨らみをつくる（図3-8のF）。これが脳の始まりで、前から前脳、中脳、後脳という。なぜ前端を膨らませるかといえば、新しい情報は体の進行方向前方から入ってくるからで、それを処理する細胞が必要だからである。前脳は化学物質情報、中脳は光情報、後脳は振動情報が担当である。

魚には体側に周囲の水流を（ということは自分の泳速や姿勢を）検出する側線という振動センサーが並んでおり、この情報が後脳で処理される。陸上動物では、この振動センサーが一カ所にギュギュッとまとめられて、内耳（聴覚、速度・加速度覚、姿勢覚）になる。

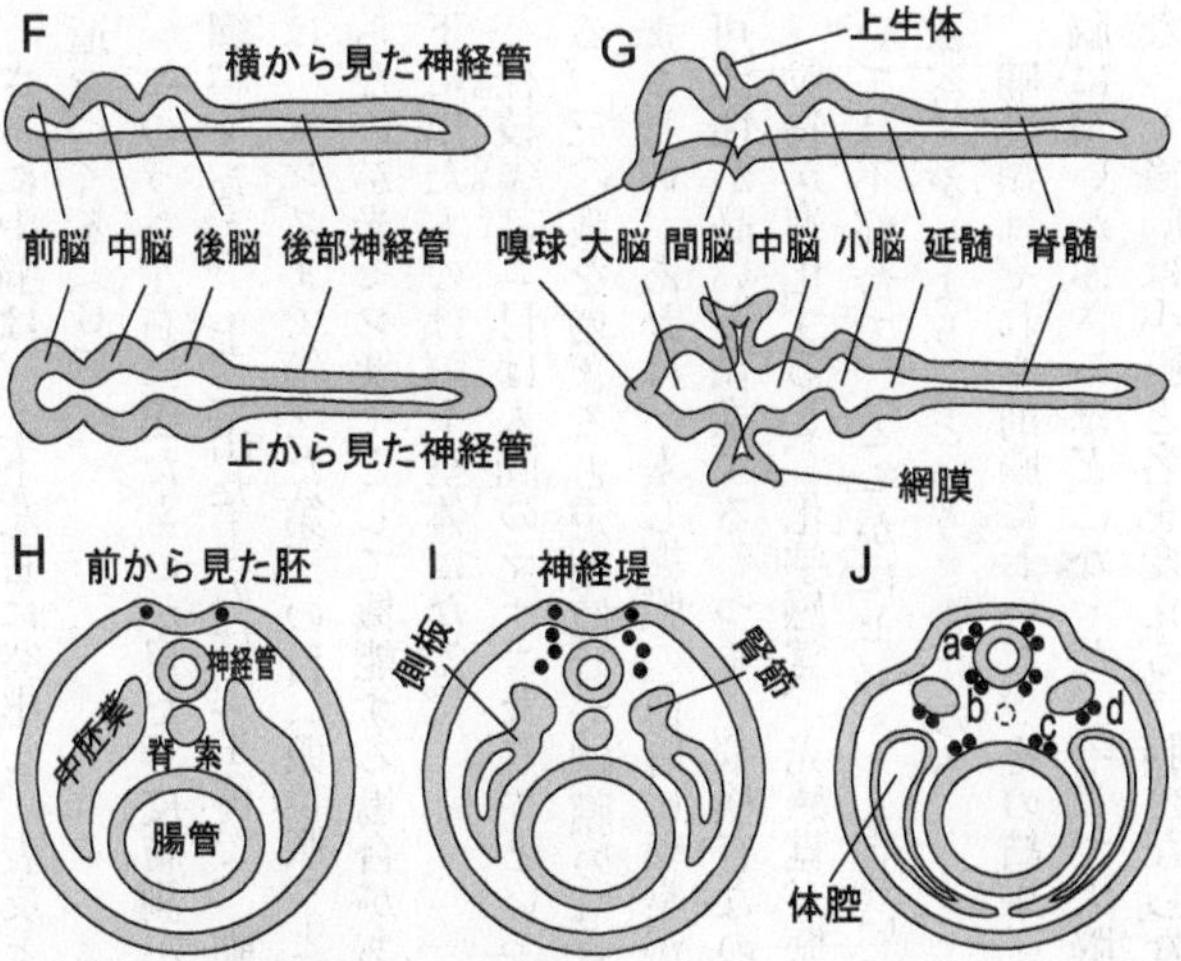

図 3-8　脊椎動物の神経系の発生

図 3-7 の E の状態から続く。神経管は、前端に三つの膨大部をつくり、脳となる（F)。脳より後は脊髄。脳はさらに変形して網膜などを生み出す（G)。神経管由来の組織を中枢神経系という。神経管は、さらに背側外胚葉（神経堤）から細胞を逸出させる（第二次神経陥入、H、I)。逸出細胞は、やがて a ～ d の塊（神経節）をつくる。a は体性感覚（触覚など）神経、b は交感神経、c は副交感神経、d は副腎髄質になる（J)。神経堤由来の組織を末梢神経系という。（小倉・冨永『記憶の細胞生物学』にもとづく）

さらに中脳は、上下左右に突出し、表皮と再び出合ったところに特別な構造をつくる(G)。

このうち左右に出たものが目だ。皮膚側が角膜とレンズを提供し、脳側は網膜となる。上に出たものは上生体で、動物によっては(たとえばヘビでは)レンズまで備えた第三の目(頭頂眼)となる。哺乳類でも目にまではならないが光センサーとして機能する場合があり、季節を感じとるのに使う。下に出たものは脳下垂体になる。

桂枝雀《かつらしじゃく》は「目は人間のマナコなり」といったが、目はたしかに脳の窓である。三〇歳を過ぎると定期健診で網膜の写真を撮られる(眼底検査)。うわ、まぶしい。あれは、もし網膜の血管に異常があれば脳の血管にも異常がある可能性が高いと類推する、つまり脳検査なのである。

動物が進化すると、化学感覚、光感覚、振動感覚をそれぞれ別に処理していては不都合で、どこかにセンターをおいて、行動に移すための一括処理(統合)をしよう、ということになる。

哺乳類はそれを前脳においた。その結果、前脳はムクムク大きくなり、中脳に覆いかぶさるほどになった。そこで大脳と名を変える。相対的に小さくなった後脳は小脳と名を変える。脳にならなかった神経管の後半部は脊髄と名を変える。両生類や爬虫類の一部では、中脳を統合に使い、中脳がサイズ的に「大脳」になるケースもある。

しかし、このように複雑に変形しても、もともとがひとつながりの管だった事実は残っており、たとえば、脳に腫瘍が生じた可能性があれば、脊髄の管から脊髄液をとって腫瘍細胞がないか調べることができる。

また、頭を強く打ったりして脳が腫れると、管の水圧は「パスカルの原理」でどこも一緒だから、打ったところではなく壁の一番薄いところに影響が出る。まず体温、血圧などが異常を見せるのはそのためである。

さて、神経管自体、背中の表皮の落ちこみだったが、その神経管は背中の表皮に働きかけて、二度目の落ちこみを引き起こす（H～J）。しかし、二度目に落ちこんだ細胞は神経管に加わるのではなく、全身に散って働く。これが末梢神経系である。

体性感覚（触覚・温冷覚・圧覚・痛覚）神経aや自律神経（交感神経bと副交感神経c）と副腎髄質dがこれに含まれる。ただし、運動神経（手足の筋肉を動かす）は、脊髄にある神経細胞が突起（軸索という）を末梢まで伸ばしたものだから、脳と「同格」の中枢神経系の一員である。

注

▼1——匂い分子にはそれぞれ立体的な構造があるから、匂い分子のある部分はある受容体に、別の部分は別の受容体に結合することはもちろんある。一つの匂い分子が一種類の受容体にしか結合しないわけではないし、一つの受容体が一種類の匂い分子しか結合しないわけではない。こうした嗅覚受容体の分子生物学を推進したリチャード・アクセルとリンダ・バックに対して二〇〇四年のノーベル生理学・医学賞が授与された。

▼2——ココア、チョコレートの製法は第8講に書く。

▼3——オードリー・ヘプバーン主演の『ティファニーで朝食を』（一九六一年）で、オードリーが空《から》近くになったネスカフェの瓶に、蛇口のお湯を直接無造作に注いで飲むカットがある。封切当時あれを見て、米国市民生活《アメリカン・ライフ》の豊かさにため息をついた日本人は多い。冒頭のタイトルバックでも、オードリーがティファニーの店の前で持参のインスタント・コーヒーを飲むのだが、この時点ではそれが何だか観客にはわからない。

▼4——缶コーヒーには香料が入っており、抽出または合成した薫香も含まれる。

▼5——乾電池は屋井《やい》先蔵《さきぞう》(1864-1927) が一八八七年に発明した。一八九二年、シカゴ万博に帝国大学が出品した地震計の中に入っていたが、地震計より電池のほうが注目された。▽18

▼6――インスタント・ラーメンは『実況・料理生物学』参照。現代の新・新三大発明をあげるなら、iPS細胞、青色LED、AKB48だろうか。

▼7――ある匂いと別の匂いを識別する能力。

▼8――インフルエンザの病原体はウイルスで、この細菌がそう呼ばれるのは歴史的な理由による。今となっては誤称。

▼9――ゲノムとはその生物のもっている遺伝子の全セットのこと、gene（遺伝子）のome（すべて）ということ、全DNA配列といってもよい。

▼10――あれだけ鼻が長けりゃ当然、というのは間違い。ゾウで長いのは上唇で、鼻腔は広いわけではないから、「長い鼻」自体は鋭い嗅覚の理由にはならない。たまたまだろう。

▼11――たとえば二〇一四年七月一二日のCBSニュースでの報道。

▼12――鳥は嗅覚が弱いらしく、カラスやトビは平気でスカンクを襲う。住民は迷惑し、スカンクにではなくカラスに怒る。

▼13――海馬自身に記憶が残るわけではなく、海馬を通って記憶が出入りする。海馬はいわばパソコンのCPUメモリーに当たり、処理されたあとのデータを保存するハードディスクや外部メモリーに当たるのが大脳皮質である。

▼14――トリクロロアニソールの近縁物質探索などを含み、悪臭をセンサーレベルで感

じなくさせるような。

▼15——電荷のない部分。

▼16——外界からの刺激にさらされ続けると検出できなくなる性質。

▼17——体外に放出されて同種他個体に特定の情報を伝える物質。昆虫での研究が先行し（たとえばファーブル『昆虫記・第7巻』にシャクガの誘引について記載がある）、たとえばカイコガ（*Bombyx mori*）のメスは bombykol を分泌し、オスを交尾に誘う。オスは触角でそれを受ける。交尾後のメスは分泌しない。bombykol は、ドイツの化学者アドルフ・ブテナント（1903-1995）（一九三九年女性ホルモンの研究でノーベル化学賞）らが、一九五六年日本産カイコ五〇万匹から六・四ミリグラム抽出した。[19]

▼18——昔から尼僧院のシスターの間で生理の周期が揃う傾向が知られていた。その修道尼《ナンズ》症候群《シンドローム》の原因分子は、pregna-4,20-diene-3,6-dione（PDD）とされ、脇の下から分泌されるという。[20]

▼19——千葉県船橋市の非公式ゆるキャラ。騒がしく跳ねまわり、船橋名産の梨のジュース（梨汁）を噴く（実際は「ぶしゃー」と叫ぶだけ）。

第4講　温度の話

料理の適温と温度感覚

料理の味を左右する要素として、温度も重要だ。

かつて日本のO首相が就任時、ニューヨーク・タイムズ紙に「冷めたピザ」と評されたことがある。その後結構がんばって懸案の法案を成立させ、「海の家のラーメン」と評が改められた。なんのこっちゃ。これは「暑い夏に熱いラーメンは意外にうまい」という褒め言葉なのだという[1]。いずれも、温度が食品の評価を左右するからこその比喩だ。

家庭での料理で、スープの皿をあらかじめ温めたりサラダの皿を冷やしたりすることは多くないだろうが、その一手間だけで、料理がかなりグレードアップするのは間違いない。

ハンバーガーにも適温がある、らしい。私は以前、棒の先端に熱電素子のついたデジタル温度計をバーガー店内にひそかに持ちこみ、供されたバーガーのパティ内に突っこんで検温していたことがある。

テーブルに着いた直後のパティ温度と、すぐに食べ始めずに三分間待ったあとのパティ温度から、調理担当のバイト君がバンズにはさんだ瞬間のパティ温度を、テーブルに着く一分前のそれと想定して外挿で求めると、一店を除いて[▼2]他のどの店も等しく七〇度に収束した。そうせよというマニュアルがあるのかもしれない。

さて、動物は温度をどのようにして感知するか。これは感覚生理学の長い間の謎だった。

脊椎動物の場合、光は目の網膜の視細胞にロドプシンという、いわば天然の感光色素分子があって、それが光を受けて構造が変化することで始まる（第1講参照）。このことは一九五〇年代からわかっている。匂いは、鼻の奥の腔所の天井の嗅細胞に嗅覚センサー分子があって、これが匂い物質と結合して構造を変えることで始まる（第3講参照）。物事は、すべてすっかりわかるというわけにはいかないから、もちろん今も研究は続けられているが、あらすじは一九七〇年代には書けている。

ところが、いわゆる皮膚感覚、温覚・冷覚・触覚・圧覚・痛覚など[▼3]は、はたしてセンサー分子があるのかないのかすら、最近までわかっていなかった。細胞膜が圧を受けて歪むと、膜に小さな孔があいてイオンの漏れが起こるのだろうとか、温度によって敏感に膨張・収縮するような皮下構造に神経末端が付着していて、そのため神経が間接的に変形して興奮するのが温度感知だろう、とかいわれたりしていた。

一九九七年、トウガラシの辛味成分カプサイシンを結合するTRPV1[▽1]という分子が、皮膚の神経末端にあり、これが高温センサーの実体であることがわかった。つま

り、トウガラシを食べて口の中が焼けるように感じるのは、それもそのはず、高温センサーを起動するからだったのだ。[▼4]

一例が見つかると次からは話が早い。TRPV1の姉妹分子が次々と見つかり、[▼5]薄《はっ》荷《か》(ミント)を口に入れてスーッと冷たく感じるのも同じ理屈で、TRPM8が低温センサーであると同時に、ミントの清涼成分メントールによって活性化するからだった。[▽2]

ついでにいうと、ネギやタマネギを生で食べると、胸の奥や腹の中が熱いような冷たいような妙な気持ち悪さを感じるという人が、私を含めてかなりいる。これはネギ類に含まれるアリシンなどのイオウをもつ有機低分子が、温覚センサーTRPV1と冷覚センサーTRPA1を、両方とも活性化するためだった。[▼6]

熱の移動の三様式

さて、熱いからこそおいしい食品は、なるべく長時間熱いままに保ちたい。その方法として、熱の対流を妨げる方法がとられる。などというと大げさだが、要するにトロミづけ、あんかけである。図4-1に示したのは、トロミのないうどんの代表「素うどん」と、トロミつきうどんの代表「カレーうどん」の、冷め方を比較した結果だ。

食卓に置いて七分後のツユの温度は、カレーうどんは素うどんより一五度も熱かった。▼7

ここで中学校の理科の復習をしよう。熱の移動には三つの形式があったね。放射（輻射《ふくしゃ》）▼8・伝導・対流だ。そのどれを妨げても保温の助けになる。

放射の本態は熱源から発する電磁波で、受けた物体がそれを吸収して振動し、再び熱にする。放射を抑えるには熱源を反射材で覆ってしまうこと、つまり蓋をすること

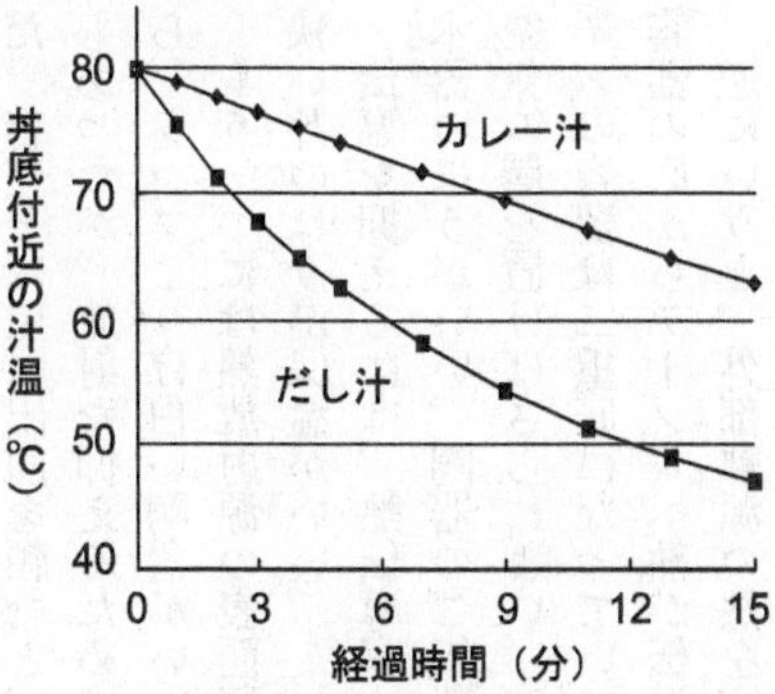

図 4-1　うどんツユの温度低下

陶器の丼に、約 90℃に加温したカレーうどんのツユ（ハチ食品製）とふつうのうどんツユ（シマヤ製）250ml を入れ、底から 3cm 上の液温を探針式デジタル温度計で計測した。液温が 80℃になったときをスタートとして以後の液温変化を追跡した。

だ。昔、そば屋に出前を頼むと、丼には蓋がかぶせてあった。ツユをこぼさないためもあったが、放射を抑えるためでもあった。蓋の素材には反射率の高いものがよいから、ラップよりは白い陶器がいい。

もう一つには熱放射源の表面積を減らすこと。同じ容積なら、浅く広い皿より深く狭い丼のほうが保温がいい。

伝導を抑えるには、熱伝導率の低い食器に入れること。この点で金属器より陶器や木器《もっき》のほうがいい。陶器のご飯茶碗と木器の汁椀という組み合わせは合理的だ。間に空気の層を置けばさらによい。空気の熱伝導率はとても低いからだ。日清のカップライスの容器は二重底になっていて、下部に大きな空気室を設けてあるのがわかるね。容器の底からテーブルへ熱が伝導で逃げるのを空気層で抑えているわけだ。

逆にいうと、外部熱源の熱を容器内部に伝えるには陶器より金属器のほうが有利だ。だからこそ、調理用の鍋は金属製なんだね。「土鍋もあるじゃないか」と反論されそうだが、これまでの説明からわかるだろう。土鍋というものは、金属器のない弥生時代はいざ知らず、現代では煮炊きのためよりむしろ保温のための容器だ。

下宿生活の諸君に忠告しておこう。ラーメンやうどんを、「面倒だから」と鍋に直接箸を突っこんで食べるより、丼に移したほうが冷めにくくおいしい。

二〇一三年の朝のNHK連続テレビ小説『ごちそうさん』で、黄身が半熟のスコッチエッグをつくりたいという開明軒の主人に、帝大生の悠太郎が「物理学にもとづいてラグビーボール型にすればいい」と助言した。私にはその理屈がよくわからなかったが、半熟のスコッチエッグをつくるのは簡単だ。五分茹でた半熟卵をつくり、殻をむいて冷蔵庫でいったん冷やす。黄身まですっかり冷えてから、挽き肉を厚さが一様になるようにかぶせ、強火で短時間で揚げる。ラグビーボール型かどうかとは関係なく、黄身に熱が伝わるより前に肉に熱を通してしまえばよい（図4－2）。物理学というほどのことではない。

図 4-2　半熟スコッチエッグ
自家製。右はザワークラウト。

蒸発熱を忘れてはいけない

おっと、もっと大事なことを忘れていた。熱の伝播より前に、なぜツユが丼表面で冷めるかだ。その一部は、「ツユと空気の温度差に比例した速度で、熱がツユから空気に伝導するから」▼9だが、それ以上に、「ツユが水蒸気になって蒸発するとき、ツユから大量の蒸発熱を奪うから」でもある。だから水の蒸散を妨げれば、保温が図れる。

どうすればよいか。蓋をすればよい。じっさい、蓋をすると保温されるのは、熱伝導や熱放射の抑制効果より、料理の上に飽和水蒸気の層を設けて、それ以上の水の蒸発を防ぐ効果のほうが大きい。

そばやうどんの具に揚げ物（天ぷら、油揚、揚げ玉）が多いのは、栄養の点もさることながら、油の被膜でツユの表面を覆うことで、水の蒸散を妨げる効果を期待しているのだ。山菜うどんや月見うどんは、天ぷらうどんやきつねうどんより冷めやすい。たぶん。

逆に冷やしたほうがおいしいものはどうしたらよいか。

たとえば、ビールは古代エジプトにもすでにあって、紀元前二五〇〇年ごろ、エジプト第四王朝のクフ王が、ナイル川のほとりにあの大ピラミッドを建てたとき、労働者（奴隷というわけではなく、日当が払われていたらしい▽3）は、一日の重労働のあと、ビールでのどを潤したという。

しかし、ナイル川の水に壺《つぼ》を浸したくらいでビールが冷えただろうか。ナイル川はぬるいぞ。ぬるいビールはうまくないぞ▼10。

答え、同じく蒸発熱の原理を使ったのである。

素焼きの甕《かめ》を使う。甕に水を入れると水が表面ににじみ出し、そこで蒸発して、甕と甕の中の水を冷やす。その甕の中にビールの壺を置いた。そういう壺絵が残っているという。[▽4]うちわで扇いで甕の表面に風を送って飽和水蒸気の層を吹き飛ばしてやれば、なお効果的だ。この冷却法は現代でも使われている。[▼11]

天かす火事はこわい

今、揚げ玉を話題にした。[▼12]これはなかなか奥深い。

学生さんにはまだあまり機会がないかもしれないが、もし学会の懇親会などのパーティで、その場で揚げる天ぷら屋台が出ていたら、天ぷらを受けとるついでに、板前さんの足元を見てほしい。揚げ玉を捨てる容器に並んで、水の容器が置いてあり、板前さんがときどき、揚げ玉の上から水をかけているはずだ。これは何のためか。

じつは、揚げ玉は危険な食品なのである。

高温の油が大量の空気の泡を抱えた状態にある。すると油の酸化が進む。油の酸化は発熱反応だ。したがって、この反応は加速度的に進み、限界を超えると発火する。もちろん油はチョー可燃物だ。こうした事故を「揚げ玉火災」とか「天かす火事」と呼ぶ。じっさい毎年何件か発生して、[▼13]間が悪いと天ぷら屋だけでなく商店街全体が焼ける。

だから、板前さんは捨てた揚げ玉を冷やす作業を怠ってはならない。しかも面倒なことに、揚げ玉は水に浮くから、ためた水に上から捨て足していったのでは温度を下げられない。

このような、反応の結果がその反応をさらに促すような現象を、「自己再生的」とか「自励的《じれいてき》」といい、生物界にはこれを巧みに利用している例がたくさん見られる。まあ、生物現象にかぎらず、世の中に自励的反応はたくさんあるけどね。▼14

赤血球の中の酸素運搬タンパク（ヘモグロビン）が酸素を結合する反応もそうした例の一つだ。ヘモグロビンは一分子単独ではなく、四分子集まった形（四量体）をしている。酸素濃度の高いところ、たとえば肺の毛細血管内やエラの毛細血管内に行くと、まず四つのうち一つが酸素と結合する。すると、その構造変化が隣のヘモグロビン分子に及んで、隣を酸素と結合しやすい形に変える。その結果、たちまち四分子とも酸素を結合する。

これがなぜ好都合かというと、その赤血球が次に酸素濃度の低いところ、たとえば運動後の筋肉の毛細血管に行って、ヘモグロビン四分子のうち一つが酸素を外すと、それが隣を外しやすくし、たちまち四つとも酸素を放出する。こうして、酸素を運ぶ途中の血管内で少しずつ結合したり外したりはせず、つくところでは一斉につき、外すところでは一斉に外すというメリハリがつく【解説1：タンパク質の協同性】。

神経の興奮も、同様な自励的反応の典型例だ。次にそれを説明しよう。

神経の興奮

動物も植物もバクテリアも、生きている細胞は、細胞内のK^{+}イオン濃度は細胞外より高く、Na^{+}イオンやCa^{2+}イオンの濃度は細胞外より低く保っている[▽5]。この濃度差の維持のために使われるエネルギーは莫大だ[▼15]。

何のための濃度差維持かというと、細胞外から栄養物を取り入れるためとか、いろいろな使い道があるのだが、そのうちの一つが、神経活動だ【解説2：生物と電気】。

今、なんでもよい、容器の内外にイオンの濃度差があって、容器にそのイオンだけを通す性質があるとしよう。すると、容器の内外に電圧が生じる。

たとえば、素焼きの鉢をバケツに入れ、バケツに薄い食塩水、素焼き鉢の中に濃い食塩水を入れる。鉢の内と外に豆電球の導線を渡すと、これだけで電球が点く。昔は中学校の理科の時間に必ずやったものだけど、最近はやらないらしいね。惜しいなあ。お金も時間もかからずに結構ウケる実験なのに。

これは一種の電池で「濃淡電池」という（図4－3）。素焼きの鉢は珪《ケイ》酸のマイナス電荷を帯びているため、Na^{+}イオンは通すけれど、Cl^{-}イオンを通さないから、上の条件が満たされているわけなのね。

さて、生きた細胞の細胞膜は、ふだんはK^+イオンだけを通す。だから細胞の内側には外側に対してマイナス〇・一ボルトくらいの電圧がかかっている。これ、「遺伝子はDNAでできている」というのと同じくらい地球上の全生物の全細胞に共通な性質なんだよ。

ところが、あるとき急にNa^+イオンを主に通すような状態になることがある。すると細胞の内側は外側に対してプラス〇・一ボルトくらいの電圧になる。マイナス〇・一からプラス〇・一ボルトに大逆転するのだ。これを細胞の興奮という。神経や筋肉、

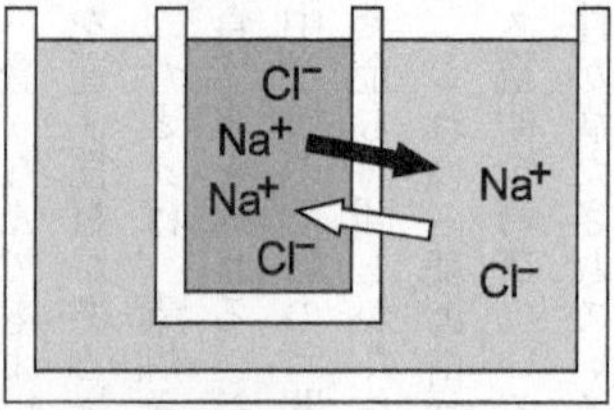

図4-3　濃淡電池

二重の容器を用意し、素焼きの内容器の中に濃い食塩水、外容器（材質不問）の中に薄い食塩水を入れる。すると内外の食塩水の間に電位差（電圧）が生じる。10倍の濃度差があれば約0.06V、100倍の濃度差があれば、約0.12V。理由を説明する。素焼き容器は珪酸の負電荷のため、Na^+ イオンは通すが Cl^- イオンは通さない半透性がある。すると Na^+ は濃度差にしたがって内から外へ流出するが、やがて内側が負電荷過剰になって Na^+ を引きとめる。この濃度勾配（黒矢印）と電気勾配（白矢印）の釣り合うところの電位差を平衡電位といい、それがここに表れている。

感覚細胞や分泌腺などで典型的に起こる。植物でもオジギソウの葉のつけねの細胞（葉枕《ようちん》）などで、類似の現象が見られる。

なぜそんなことが起こるか。細胞膜には「Naチャネル」と呼ばれるNa^+イオンを通す孔のようなタンパク質があって、ふだんは閉じているのだが、刺激を受けると開く。ここで刺激とは、ふだんの細胞内マイナス〇・一ボルトが、何らかの理由で（感覚信号が入ったり、一つ手前の神経細胞が興奮したり、実験者が人工的に電流を流したりして）、−0.05、−0.04、−0.03と減っていくことをさす[16]。

それでNaチャネルが開くとどういうことになるかな？

膜がNa^+を通すと、プラス〇・一ボルトに向かう（脱分極する）んだったね。ということは、脱分極すると開く、開くと脱分極する、脱分極すると開くというサイクルが回りだすことになる。その結果、細胞膜上のすべてのNaチャネルが一斉に開いてしまう（図4−4）。ほら、自己再生的でしょ。自励的でしょ。ただし、Naチャネルは自動的に閉じるので、興奮は一〇〇〇分の一から一〇〇〇分の五秒くらいで収まる。もっと詳しくは【解説3・イオンチャネルと温度センサー】[17]で。

イカの巨大神経を使ってこの仕組みを明らかにした英国のアラン・ホジキン（1914-1998）とアンドルー・ハクスレー（1917-2012）は、一九六三年のノーベル医学・生理学賞を受けた[18]。

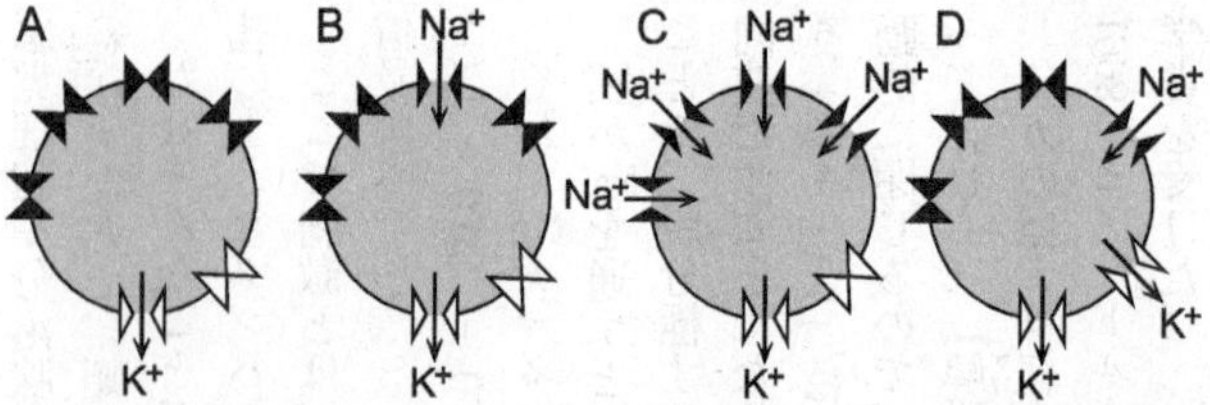

図 4-4　活動電位

地球上のすべての細胞は、細胞内の Na^+ 濃度が外より低く、細胞内の K^+ 濃度が外より高い。静止時（神経なら興奮していないとき、筋肉なら収縮していないとき）には、細胞膜は K^+ の透過性が高く、K^+ の濃度比にもとづく K^+ 平衡電位（-90mV）が生じている（静止電位：A)。何らかの理由（感覚刺激があったとか、一つ上流の神経から伝達があったとか）で Na^+ の透過性が増すと、膜内外の電位差は Na^+ の濃度比にもとづく Na^+ 平衡電位（+60mV）に向かって動き始める（脱分極：B)。脱分極は Na^+ 透過性上昇の結果であるが、原因にもなるため、この変化は自励的に進み、0.001 ～ 0.002 秒後に電位差は Na^+ 平衡電位付近まで達する（活動電位：C)。しかし、Na^+ 透過性増大は一過性なうえ、少し遅れて K^+ 透過性が追うように増すため、電位はふたたび最初の状態に戻る（再分極：D)。この、イオン透過性を増したり減らしたりする原因として、ホジキンとハクスレーは「イオンチャネル」を想定した（図中の▷◁や▶◀)。なお、スーパー「イオン」のレジの上にある広告ディスプレイを「イオンチャンネル」というが、別物である。

料理と体温

食事の温度についての話に戻ろう。カレーのCoCo壱番屋が、夏限定で「冷たいカレー」というのを出していたね。サラダ感覚のシーフードカレーで、なかなか人気があった。しかし、これを鶏肉や豚肉でやるとまずいことになる。

君たちも、下宿で前日つくったチキンカレーの残りを、温めずに食べたことがあるかもしれない。まずかっただろう。それは固まった脂肪滴《しぼうてき》の舌ざわりがザラザラするうえ、口の中全体を脂肪の膜がベットリとコートしたようになって、他の味がわからなくなってしまうからだ。

なぜそういうことになるか。

それは鳥類の体温は約四二度で、ヒトの体温よりずいぶん高く、ヒトの口内温度(三六度くらい)では脂が固まってしまうからだ。

鳥の脂は鳥にとって何のためにあるのか？

エネルギー貯蔵庫としてでもあるが、まず筋運動の潤滑油だよ。四二度の体温のもとで適当な滑らかさで関節の屈伸を保証してくれなくては困る。

ブタだってウシだって同じだ。ブタの脂はブタの体温、哺乳類だからヒトと同じ三七度のもとで適当な滑らかさを求められている。豚ロース肉の白い脂肪層は、冷蔵庫に入れておいたから白く硬いのであって、ブタの体内ではユルユル滑らかだ。さもないと、ブタはフシブシが硬くて歩けないじゃないの。

その点、魚類や無脊椎動物の脂肪はもっと軟らかい。つまり融点が低く、低温でも液状だ。その程度は、その種の住む水温に見合っている。

一般に、脂肪酸は炭素鎖が短いほど融点が低く、低温でも固まらない。[6]たとえば、炭素数16の飽和脂肪酸[19]パルミチン酸の融点は六三度、炭素数18の飽和脂肪酸ステアリン酸の融点は七〇度だ。

また、二重結合が多いほど融点が低い。同じ炭素数18なら不飽和度2（二重結合二個）のリノール酸はマイナス五度、不飽和度3のリノレン酸はマイナス一一度。だから、寒い海に住む魚の油脂ほど、不飽和度が高くできている。

イワシは寒帯に住む魚だから、EPA（エイコサペンタエン酸：炭素数20で二重結合五個）やDHA（ドコサヘキサエン酸：炭素数22で二重結合六個）が多い。EPAはお肌の老化を防ぐ。二重結合が多いことで抗酸化作用をもつからだ。イワシは、冷たい海で自由に泳ぐのに融点を下げるためEPAを採用したのであって、お肌を気にして採用したわけではないが、ヒトはそれを気にするのでEPAを喜ぶ。

というわけで、冷やしカレーはベジタブルかシーフードにかぎる。

解説１　タンパク質の協同性

ある物質（リガンド）がそれを受容する物質（アクセプター）に結合するとしよう。酸素とヘモグロビンでもいいし、砂糖と甘味受容体でもいい。アクセプターが単独の場合、リガンドの量を増やしていくにつれて全アクセプターのうちリガンドに占有されているものの率は、十分時間経過後（正確にいえば、平衡到達後）は図４－５の左のグラフのようになる。

このカーブを表す式

[AL]/（[A]＋[AL]）＝[L]/（K＋[L]）

をミカエリス・メンテンの式といい、生化学の基本式である。アクセプターの半分がリガンドと結合し、半分がフリーのときのリガンド濃度がKで、これを結合定数という。

次に、アクセプターが多量体で、しかも一つにリガンドが結合すると形が変わり二つ目以降がもっと結合しやすくなるという性質があるとすると、占有率は図４－５の右のグラフのようになる（そうした干渉がなければそれぞれ独立で、左と同じ）。

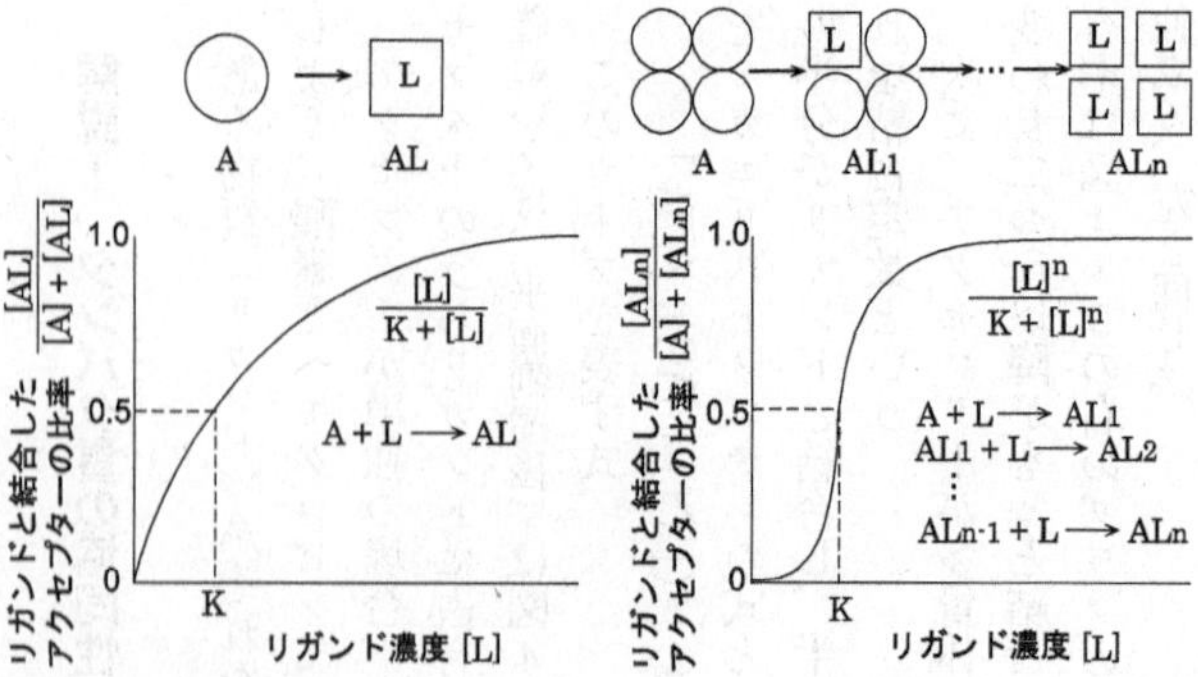

図 4-5　ヒルの式

この［L］^{n}／（K＋［L］^{n}）をヒルの式という。

$n=1$のときがミカエリス・メンテンの式だから、その拡張式といえる。この指数nをヒル定数、あるいは協同性指数（cooperativity index）という。

やはり、占有率五〇パーセントのときのリガンド濃度を結合定数という（本当の結合定数は、一つリガンドを増やす反応ごとに別々にあるはずだから、このKは「総合的結合定数」とか「みかけの結合定数」とか別の名で呼ぶべきだが、簡単に実測できるのはこの値なので、やはり結合定数と呼ぶことが多い）。

生化学の授業は、一時間目にこのヒルの式を理論的に導くことから始まる。酸素とヘモグロビン四量体の結合がまさにこれで、酸素濃度が高い動脈血が心臓を出て組織に流れてくるとき、Ｋ近くにくるまで結合を保ち、Ｋを下回ると一気に放つ。一方、筋肉の細胞中で酸素を貯蔵している〈モグロビンの弟分ミオグロビン（肉の赤さの素）は単量体で、図４－５の左のグラフの状態に当たる。ヘモグロビンのようなスイッチ型の調節ではなく、筋肉の酸素要求度にしたがって、広い可変域で酸素濃度調節ができる。

解説２　生物と電気

乾電池は一・五ボルトで、このボルト（Ｖ）が電圧の単位であることは、小学生でも知っている。しかしボルトが人名であることは案外知らない。アレッサンドロ・ボルタ（1745-1827）はイタリアの物理学者で、カエルの脚に二本のメスでふれると脚が縮むという現象の解釈をめぐって、この現象の発見者ルイジ・ガルバーニ（1737-1798）と論争を繰り広げた。

ガルバーニは、カエル側に電源があると考えたが、ボルタはこの現象が二本のメスが異種金属（銅と亜鉛とか）であるときにかぎってみられることから、金属側に電源があると考えた。

もちろんボルタが正しい。

銅が水に溶ける傾向と亜鉛が水に溶ける傾向とに差があるため、金属間に電位差（電圧）が生じるのである。

ボルタは自説を証明するために、銅と亜鉛を希硫酸に浸して、生き物なしでも電位差が生じることを示した。これ（ボルタ電池）が世界最初の化学電池である。

このカエル論争はボルタの勝ちだったが、ガルバーニが主張した生物の発電能力自体は、その後多くの科学者が実証することになる。

本文にも書いたが、細胞というものは、通常時内側が外側に対して約〇・一ボルト負に帯電しており（静止電位）、神経や筋肉では時折ごく短時間だけ内外の正負が逆転する（活動電位）。だから細胞を直列に積み重ねて同時に興奮させれば、大きな電圧を発生させることができる。

実際に、アマゾン川のデンキウナギ（*Electrophorus electricus*）は、筋肉細胞を変形させた「発電板」という細胞を数千個つなげて五〇〇〜八〇〇ボルトの電圧をつくり出し、不用意に踏みつけた人を昏倒させる。日本近海にたくさんいるシビレエイ（*Narke japonica*）も、最大三〇ボルトくらいの発電ができる。

私が学生のとき、同級生七人が手をつなぎ、最初の一人がエイの背に、最後の一人がエイの腹に手を置いて、実習指導の村上彰先生がエイの頭を木槌で叩くと、全員が感電するという実習があった。実習生は直列だから一人当たり約五ボルトで、冬の朝の静電気くらいの感覚だった（図4-6）。

シビレエイの発電は防御用らしい（その証拠に、捕食者に嚙みつかれる方向、つまり背腹に電圧をつくる）が、デンキウナギやナイル川のデンキナマズ（*Malapterurus electricus*）の発電は、電気定位（体の周囲に電場をつくり、周囲の状況を観測する一種のレーダー機能）のためにある（その証拠に、頭尾方向に電圧をつくる：体長二メートルのデンキウナギに縦に嚙みつく奴はいない）。

電気定位は何のためにあるか。アマゾン川やナイル川の底は泥水のため、視界がきかない。そこで体の周囲に電場をつくり、それを体の脇に並んだセンサーで検知している。獲物が接近して電場が乱れると、即座にそれを感知して反応する。

ここではデンキウナギが淡水棲であることが重要で、これが海水だと漏電がひどく静電場をつくるのは大変だ（図4-7）。

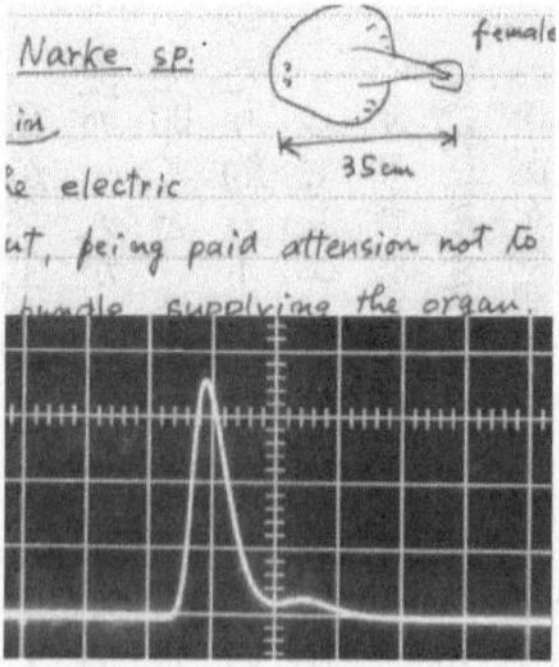

図 4-6　臨海実習

私が学部４年生のときの学生実習のノート。電気器官を切り出して上下に電極を置いて発電を実測した。これは 7V くらい。少し元気がない。

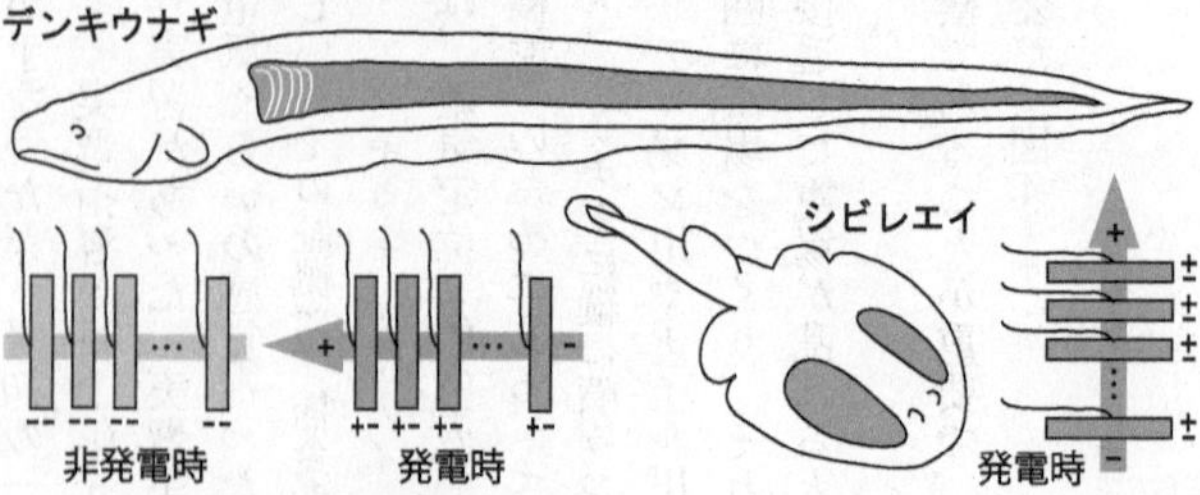

図 4-7　電気魚の発電器官

デンキウナギには主発電器官、ハンター器官（尾端近く）、サックス器官（腹側）の３種類の発電器官があるが、いずれも発電細胞を頭尾軸方向に直列につないで高電圧仕様に設計されている。シビレエイは発電細胞を背腹軸方向に並列に並べて高電流仕様に設計している。発電細胞は筋細胞の変形で、運動神経が発電細胞の一面に入って一面だけを脱分極させる。反対面は静止電位のままで、隣の発電細胞の神経支配面と接する。だから直列につないだ細胞の数だけ電圧が増す。つまり積層電池である。

解説3　イオンチャネルと温度センサー

神経や筋肉の興奮は、細胞膜のNaチャネルが開くためといったが、ふだん細胞膜がK^+イオンを通しているのは、Kチャネルが開いているからである。じつは、ホジキンとハクスレーが神経興奮の理論を発表したとき（一九五二年）には、「イオンチャネル」が実際にモノとして存在するかどうか、わかっていなかった。彼らは説明のための操作概念として、そういうものを想定しただけである（というより、当時実在が確定しているタンパク質は、チャネルにかぎらず、数えるほどしかなかったのであるが）。

しかし、実測したNa^+電流のふるまいから、「もし実在するとしたら、Naチャネルは四量体で、それぞれが可動部をもち、うち三つが開くとNa^+イオンを通し、一つが閉じると通さない」など数々の予言を残した。そして、チャネル開閉の条件を簡単な微分方程式で示し（数学の苦手な生物学科の学生にとってはそう簡単でもないが）、諸定数も具体的に例示した。

これによって、興奮の時間経過も、閾値《いきち》（そこを超えると急に興奮が始まる境界値）も、不応期（一回興奮するとその後しばらく興奮できないお休み期間）

も、軸索伝導（たとえば足の小指をぶつけると「ぶつかったぞ」という信号を小指から脊髄まで伝える電線様の現象）も、すべて計算でシミュレーションできた。計算って、コンピュータなどない時代、手回し計算機（図4－8）だぞ。

B5判四五頁ほどの論文であるが、「珠玉の論文」というのは、こういうのをいうのだと、心に刻んだ学生は数多い。

Naチャネルが膜タンパク質として単離され、構造が確定したのは一九八四

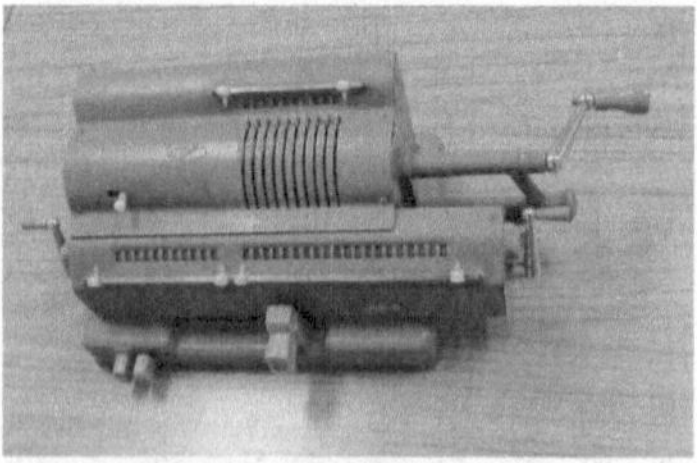

図4-8　手回し計算機

タイガー社製。研究室の倉庫で発見。さすがに私もこれを使って計算したことはないが、電卓はまだ高価だったし、そろばんと計算尺は現役だった。計算尺は、位取りは自分で考えなくてはならないので、暗算で概算する習慣が自然に身につく。電卓のようにタッチミスで桁を間違う「大間違い」は起きない。

年、京都大学の沼正作《ぬましょうさく》研究室においてである。使った材料はデンキウナギの電気器官。抽出・精製の際、Naチャネル分子の目印として標識に使った分子はサキシトキシン（赤潮の毒素）で、フグの毒素と同様Naチャネルを強く阻害する天然毒物である。

ちなみに、フグを食べるのは日本人だけだから、フグ毒の研究も日本の独《どく》擅場《せんじょう》で、毒素を単離してテトロドトキシン（フグ科の学名 Tetraodontidae〈四本歯の魚という意味〉と毒素 toxin の合成語）と命名したのは田原良純《たはらよしずみ》（一九〇九年）、構造を決めたのは平田義正《ひらたよしまさ》（一九六四年）、人工合成したのは岸義《きしよし》人《と》（一九七二年）、その作用を決めたのは楢橋敏夫《ならはしとしお》（一九六四年）である。沼研の業績もその系譜に連なるものといえる。

テトロドトキシンは、もともとフグが体内で合成する物質ではなく、細菌のつくったものが、餌のプランクトン（赤潮もプランクトン）を通じてフグに蓄積する。だから養殖フグには毒がない。

Naチャネルが物質として単離されてみると、ホジキンとハクスレーの予言はほとんどすべて正しかった（四量体ではなかったが、一分子の中に四回の相同な繰り返しがある実質四量体だった）。あまりに予言通りなので、「冗談でしょ」と思ったくらいだ（図4-9）。

イオンチャネルには多くの種類があり、ここまで説明したNaチャネルやKチャネルは「電位依存性」、つまり細胞内外の電圧によって開閉が制御されるタイプである。

それに対して、本文に登場したTRPV1は「温度依存性」のイオンチャネルである。環境温度が四〇度以上になると開いてNa^+イオンやCa^{2+}イオンの透過を許し、センサー細胞を興奮させる（脱分極する）。

また、もともと化学物質で開閉が制御される「結合物《リガンド》依存性」イオンチャネルもある。

神経細胞は次の神経細胞や筋肉との接続点《シナプス》で、神経伝達物質と総称される化学物質を放出するが、次の神経細胞や筋肉は、受容体と総称されるタンパク質で伝達物質を受けとる。受容体の多くはイオンチャネルで、伝達物質の結合によって開いて細胞を興奮させる。

脳内で主に使われる神経伝達物質は、【第1講・解説2・化学調味料】に書いたようにグルタミン酸で、グルタミン酸受容体もイオンチャネルである。

神経系では、逆に興奮を抑えるような伝達が行われることもあり、その代表がガンマアミノ酪酸（略称GABA《ギャバ》）による伝達で、この受容体もイオンチャネルである。ただ、通すイオンがNa^+イオンではなくCl^-イオンであるため、開くと脱分極とは逆に細胞内の負電位が大きくなる。したがって（過分極し）興奮が抑えられる。

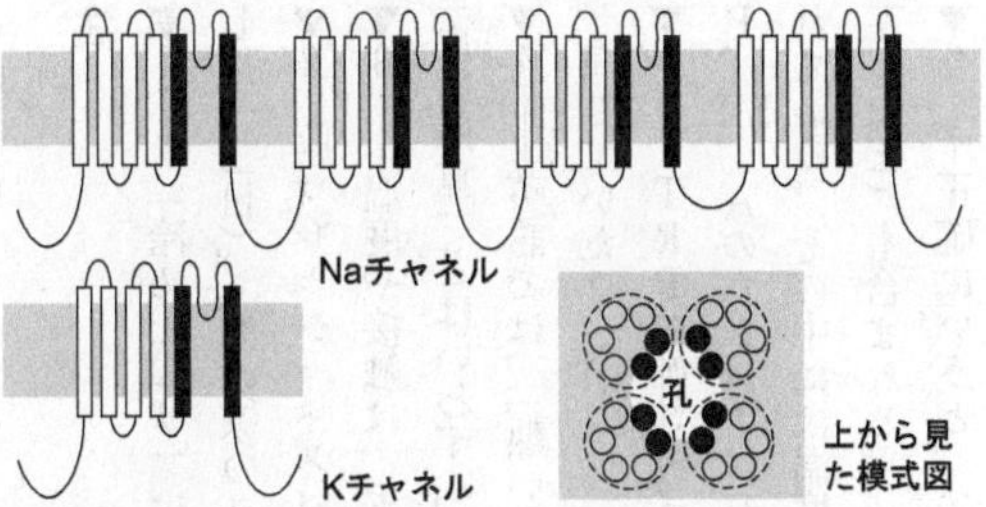

図4-9　チャネルの構造

電位依存性 Na チャネルはアミノ酸約 2000 個からなる巨大な分子で、1 分子中にクラスターが 4 回繰り返されている。1 個のクラスターには膜を貫く鎖が 6 本あって、白く示した鎖が電圧センサー、黒く示した鎖が孔の壁になる。4 クラスターが集まって中央に孔ができる。電位依存性 K チャネルはクラスター 1 個ぶんの分子で、4 分子が集まって 1 個のチャネルをつくる。つまり、K チャネルが祖先型で、進化の過程で 2 回の遺伝子重複が起きて倍々となり、Na チャネルが生じたのだと考えられる。

注

▼1――「冷めたピザ」はニューヨーク・タイムズ東京支局長のコメント（一九九八年七月一三日）。「海の家のラーメン」はビートたけしのコメント（日時不詳）。

▼2――フレッシュネスバーガーだけは、九〇度と推定された。

▼3――温度や接触は、皮膚ばかりではなく、腸や内臓でも感知するから、生理学者は「皮膚感覚」とはいわず「体性感覚」という。

▼4――英語では、「熱い」も「辛い」も hot という。同じ受容体を使っていることを予言していた？

▼5――TRPの姉妹分子は、二〇一四年末現在、哺乳動物にかぎってもC、V、M、P、ML、Aの六グループが同定されており、各グループにはさらに複数の分子種が含まれている。その中には温度ではなく、機械的な引っ張りや圧力に反応するもの（TRPV4など）も含まれる。

▼6――正確にいうと、アリシンはそれ自体ネギ類に含まれているわけではなく、細胞が壊されるとき、液胞に含まれるアリインが細胞質にある酵素アリイナーゼと出合って生じる。アリシンやその類縁産物は、ネギ類のあのツーンとした刺激臭の原因でもある。

▼7――熱の対流は、熱いものが軽く冷たいものが重いため、容器の開放表面でまず冷

えた液が、まだ熱い内部の液の下に沈みこみ、内部液が表面に押し上げられる。こうして液温が均一化されると同時に冷却が促進される。ここで重要なのは、重力が必要なことだ。無重力の宇宙船内では、対流は起きないから、素うどんとカレーうどんの冷め方は同じはずだ。宇宙飛行士の野口聡一さんがスペースシャトル内でカップヌードルをすするCMがあったが、ヤケドしなかったろうか。

▼8――「輻射」の輻とは「はばき」、つまり車のスポークのことで、中心から周囲に向けて広がっていくニュアンス、しかも距離が遠いほど希薄になる性質もよく表現している。ただ放り出すニュアンスの「放射」より、ふさわしい語だと思うのだが復活できぬものか。

▼9――これによって微分方程式を立てれば、温度低下は指数関数になるはずで、実際に図4-1の素うどんの冷却曲線は、明らかに指数関数的である。しかし、カレーうどんの冷却曲線が直線的なのはなぜかは、よくわからない。

▼10――一二世紀以前のビールは、ホップではなくハーブやショウガでアクセントをつけていた。だから苦くなかった。[▽7] ジンジャー・エール（エールとはビールの一種）はその後身である。

▼11――私が大学院に入ったとき、研究室は屋上直下の四階にあった。一年坊主の真夏の主な仕事は、一時間おきに屋上に行って水を撒いてくることだった。

▼12――「揚げ玉」は東京の言葉で、大阪では「天かす」という。正確にいうと、大阪であえて「揚げ玉」といえば、そのためにわざわざタネを入れず衣だけ散らしてつくった特注品をさす。

▼13――福井県嶺北町消防組合のHPによると、平成二四年度一年間に全国で二五件発生した。

▼14――たとえば爆発。火薬の酸化反応は発熱反応で、温度上昇がさらに酸化を促進するから、反応は急激に進み、爆発する。原子核反応も同じだ。ウラン原子核が分裂して飛び出した中性子がさらに周囲のウラン原子の核分裂を促すから、原爆ができる。原子炉では爆発させずに制御することになっているが、制御に失敗すると、半径二〇キロメートル以内の住民が避難を余儀なくされる。

▼15――保健体育の時間に「基礎代謝量」というのを習ったと思う。寝ていても動かなくても、生きているかぎり消費するエネルギーのことで、だいたい一日当たり一五〇〇〜一八〇〇キロカロリーくらい。▽8 フルマラソンで直接使うエネルギーが大体これくらいとされるから（体重kg×距離kmでkcal概算可能）、相当な量だ。これを何に使うかというと、体温の維持と、細胞内外のイオン濃度差の維持にである。

▼16――生理学では、これを脱分極《だつぶんきょく》という。ものの両端に電位差がある（電圧がかかっている）状態を分極といい、その状態を脱するから「脱分極」だ。逆に電位差が大きく

なることを過分極《かぶんきょく》という。

▼17――イカの外套（いわゆるイカの胴）には、太い太い神経が走っていて、生理学実験に向いている。ホジキンらは、ロンドン郊外プリマスの臨海実験所に陣取り、港に水揚げされた新鮮なイカを毎朝入手して実験した。[▽9]

▼18――アンドルー・ハクスレーの兄は『すばらしい新世界』で逆ユートピアを描いた有名な作家、オルダス・ハクスレー（1894-1963）で、祖父は「ダーウィンの番犬」といわれた進化学者、トマス・ハクスレー（1825-1895）である。アンドルーもダーウィンにならい、ウェッジウッド男爵家の女性と結婚している。英国には「名門」というものが今も続いている。

▼19――炭素鎖が水素で埋まっている状態を飽和という。サラダ油は飽和度が低いから常温で液体だが、バターは飽和度が高いから常温で固体だ。そこで植物油に水素を吹きこんで飽和度を上げ、固体にしたのが人造バター（マーガリン）であり、人造ラード（ショートニング）である。肉屋さんがコロッケを揚げる油はラードが主だが、廃物利用であると同時に、コロッケが冷めたとき脂も固まり、衣をベチャッと寝かせない効用もある。

第5講　お刺身の話

お刺身▼1は「日本料理の粋《すい》」ともいわれる。生半可なフレンチのシェフあたりからは、「ただ切っただけで、何も調理してない、料理といえない」などと悪口をたたかれるが、いやいや、実は繊細に調理しているのである（本物のシェフはわかっている）。説明しよう。

刺身通のための解剖学

その前に、まず魚の筋肉のあり方について語ろう。ときどき忘れるけど、この本は『生物学』なんだからね（「なんちゃって生物学」だけど）。それには、脊椎動物の発生学を語る必要がある。第3講の解説2を見てほしい。受精卵が、分裂を繰り返して袋状になったあと、横腹がベコッっと凹んで、「原腸」という将来腸になる管ができる（図3－7B）。このとき、その原腸の背側に来ることになった一部の細胞が、その後脱走したり独立したり、さかんに分裂増殖・集合離散しながら大活躍する。それを「中胚葉」という。

図3－7Cには「脊索」しか描いていないが、それは神経系を説明するために他を省いたからで、脊索の周りにはたくさんの細胞が遊走している。図3－7Dあたりの胚を上から見ると（図5－1）、中胚葉の細胞は塊を作って串だんごのように並び、時間の進行とともに後ろに新しい塊を作りながら伸びていく。この繰り返し単位のおだんごを「体節」という。[2] この体節中胚葉の細胞群が、腎臓や血管や骨や筋肉をつくる。つまり、腎臓や血管や骨や筋肉は体節ごとに作られて、あとで前後をつなげるのだ。背骨（脊椎）はつながりきってなくて、一体節あたり一個ずつに分かれてるけどね。[3] もちろん、背骨を完全につないでしまったら体が曲がらず動けないから、わざとつながないでいるわけだけれど、何かの拍子に腰のあたりの椎骨が（または椎骨と椎骨の間のクッション軟骨、椎間板が）一つピョコッとずれてしまうことがある。ぎっくり腰（の一典型）だ。[4]

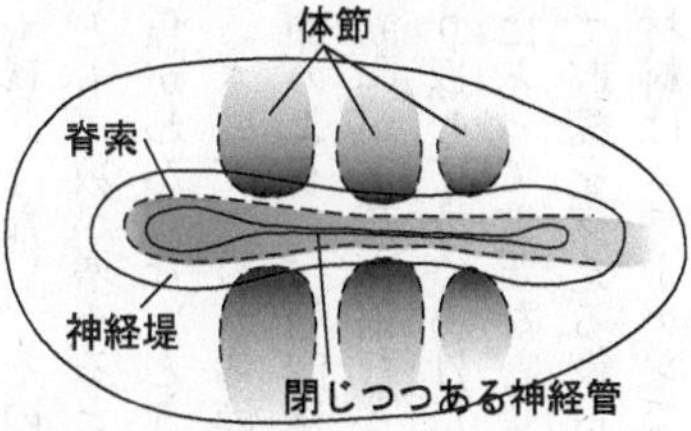

図5-1　体節
神経管がつくられつつある時期（図3-7Dのあたり）の胚を背側から見た模式図。脊索の両側で、中胚葉細胞が体節を生み出しながら後ろに伸びていく。

体節の数、ということは椎骨の数は、魚種ごとに決まっていて、大まかな傾向として体の長い魚ほど多いが、短いくせに数は意外と多いという魚も珍しくない。▼5その数は、稚魚が孵化《ふか》したときにはすでに出来上がっていて、成長とともに数が増えるということはない。一つ一つが大きくなる。だから、小魚が何の稚魚かわからないときは、顕微鏡で椎骨の数を数えると手がかりになる。▽1

さて、一つの体節と次の体節の間には、隔膜《セプツム》（隔壁）という仕切りができる。竹の節のように。筋肉は、この隔膜と次の隔膜の間に張り渡される。だから、体の右側の筋肉が一斉に縮むと、体は右に湾曲し、左側が縮むと左側に湾曲する。魚はこれを繰り返して泳ぐわけだ。この「筋肉は体軸に平行に張られている」ということが、刺身にとって重要なところだから、しばらく覚えておいてほしい。隔膜は、いわば腱《けん》として収縮を支える役目をしているけれど、神経や血管を張り巡らす足場にもなっている。材料はコラーゲンで、熱を加えると溶けてしまうが、生の刺身では白いスジスジとしてはっきり見える。

以上が刺身につくる体側の筋肉だが、ひれを動かす筋肉はこれとは別で、端っこの方でチョコチョコつくる。食べるほどのミはない。ところが、魚が陸に上がって四足動物になると、手足はひれの変形のくせに、こっちの方が主役を張るようになって、体側筋（背筋や腹筋）を脇役にしてしまう。人体解剖学では、「骨格筋は骨と骨の間に張られて、関節を屈伸する。骨に付着せず関節にも関与しない背筋や腹筋は例外。」と教わる。だけど、私たちは魚の子孫なのだから、骨につかない体側筋こそ原則で、ひれ（手足）の方が例外のはずである。私たちに残っている体側筋、六つに割れた腹筋（腹直筋）をまず真っ先に講義すべきではないか。

もう一つ寄り道をする。体側筋を支える隔膜は、さっき竹の節に例えたように、原理上は体軸に垂直に張られるわけだけれど、実際は複雑に屈曲している。[▽2] ふつうの魚では、外から見てもよくわからないが、裏が無地？のカレイなどでは、外からでも屈曲がわかる（図5-2）。この屈曲パターンは、ほぼ全魚種に共通で、一番背中側が後ろに凸、中央背中側が前に凸、中央腹側が前に凸、一番腹側が後ろに凸になっていて、頭を上に置くとW字形になっている。体表でもこのように屈曲しているが、奥の方ではもっと激しく屈曲していて、椎骨近くになってやっと原則（体軸に直交）にもどる。ということは、隔膜は、一番背中側で後ろに凸の円錐《えんすい》、中央で前に凸の二つの円錐、一番腹側でまた後ろに凸の円錐をつくっていることになる。それがズラーっと並んでいるのだ。だから、ちょうど工事現場のコーン（パイロン）を積み重ねたような形になっている（図5-3）。

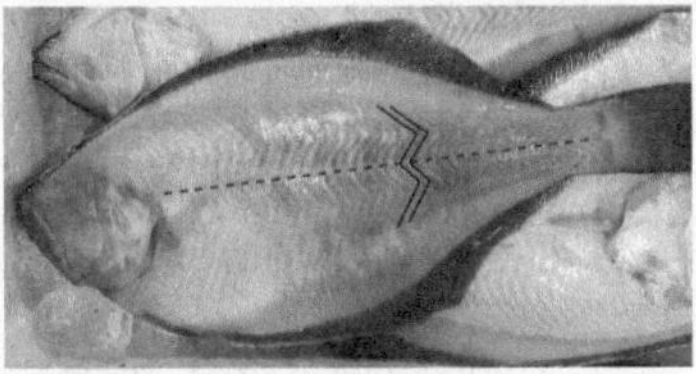

図5-2　カレイの体表に表れた体節

アカガレイの裏側（というか左側）には、体節の隔膜が、W 字形に並んでいるのが透けて見える。写真に側線（点線）と隔膜二つを書き入れた。

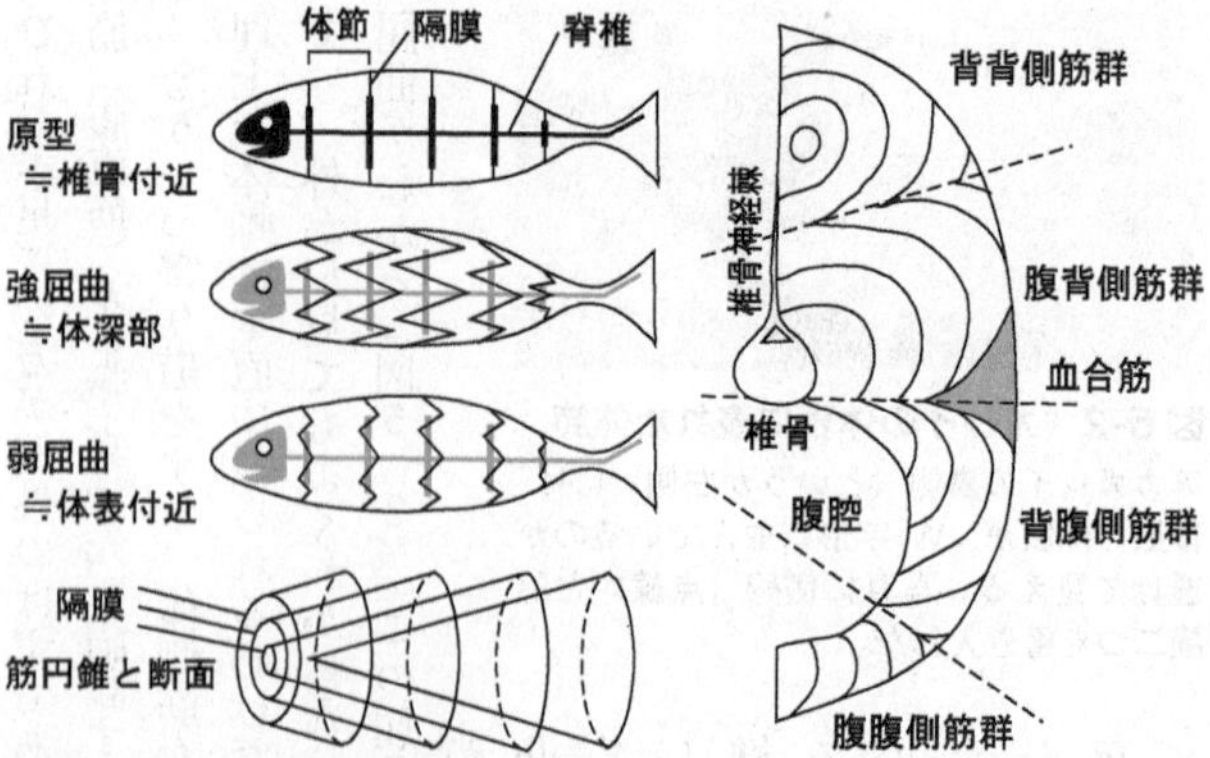

図 5-3　体側筋の筋円錐

隔膜の張られ方を模式的に描く。脊椎骨付近では原型に近く体軸に直交して張られている（上）が、体表（下）では図 5-2 で見たように W 字形に屈曲している。しかし、脊椎と体表の中間（中）ではさらに強く屈曲しており、その結果隔膜はほぼ円錐形をなす。円錐が積み重なった状態で輪切りをつくると（最下）、断面には同心円模様ができ、たとえば塩ジャケのように魚体を輪切りにすると、この模様が表れる（右）。ひれを動かす筋は省略した（食べないので）。

　さて、そうした状態で、魚体を体軸に垂直に断ち切ったらどんな風に見えるか。多数の隔膜が年輪のような同心円を描いて重なるはずだね。そう、塩ジャケのような筒切りの断面に見られる同心円模様はこれだ。はい、ここで実習。これはサバの水煮缶。中身をそおーっと取り出して、同心円の一つに狙いを定めて、周囲の肉の層をていねいにはがしてごらん。失敗して狙った層を壊してしまったら、その層は食べちゃって、次の層に挑戦したまえ。ほーら、コーン一つを取り出すことができただろう。

　何のために体側筋群が「積みコーン」状に並べてあるのかは、よくわからない。魚が泳ぐのに左右交互に体を曲げる、その曲げを前から後ろに波のように順送りするためだとか、体側の背腹と中央で収縮タイミングをずらし、泳ぎにキリモミ的なひねりをつけるためだ、とか書いている本もある。でも、筋肉は運動神経の指令に従って縮むのだから、縮むタイミングは、指令を調整すればいいだけで、なにも筋肉の配置まで変えなくてもいいように思う。▼6 ただ、隔膜がどんなに屈曲していようが、体側筋が体軸に平行に張られているという点は変わらない。背骨から体表に向って放射状に張られている筋肉とか、体表に沿ってリング状に張られている筋肉とかは、ない。

　さて、塩ジャケやサバ缶のように、体軸に直交するよう魚体を断てば、体側筋の細▼7胞は切られて開く。厚い切身なら、横断されて中身が露出してしまう細胞は両端のものだけで、内側に温存される細胞が相対的に多いけれど、刺身のように薄く切ったら、

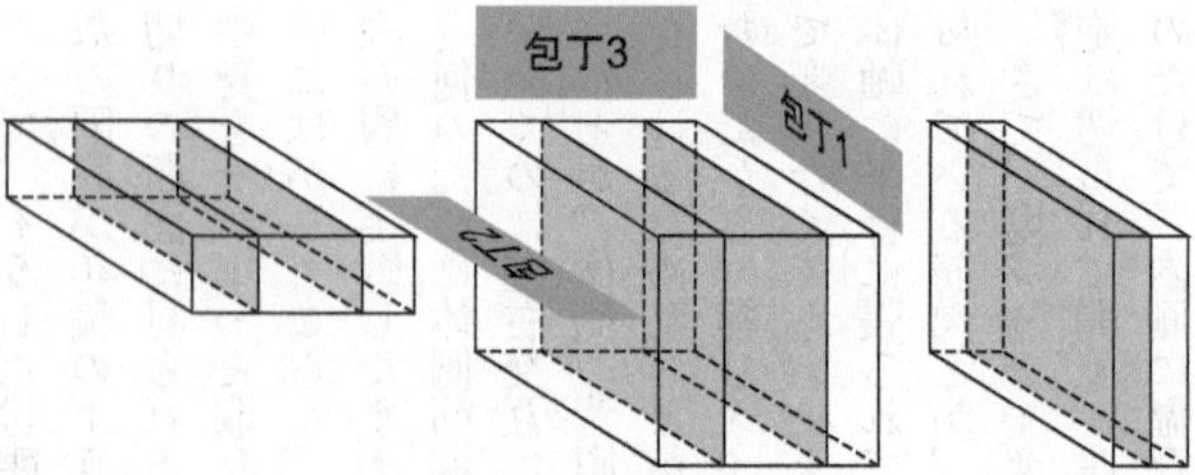

図 5-4　刺身の切り方

まな板上にマグロのサクがある。さあ、どう切ろう。包丁１で隔膜（灰色）に沿って切ると（平造り）、多くの筋繊維（筋細胞）は断ち切られる。包丁２で隔膜に直交するように切ると（そぎ造り）、多くの筋繊維は保存される。包丁３のように体軸に平行に切ることはあまりしないが、どうなるか、試しにやってごらん。

多くの細胞が横断される。ここが肝心な点。うまみ成分が外にこぼれ出る。成分が分解される。それは「味が出る」ということで、悪いことではないが、時間が経てば経つほど流出し、分解が進む。また、筋収縮のための繊維状タンパク（アクチン、ミオシン、トロポミオシンなど）を断ち切るわけだから、食感は軟らかくなる。はい、こういう切り方が適した魚はどんなものでしょう。

同じ厚さでも、細胞を断ち切らない切り方もできる。体表に沿って、そぎ切りにすることだ。こう切れば、多くの細胞は丸ごと無傷に保たれ、うまみはあまり外に出ない。その代わり、切身はダレず、繊維状タンパクは保存されて食感は硬くなる。はい、こういう切り方が適した魚はどんなものでしょう（図５－４）。

赤身魚と白身魚

答えはしばらく保留しておいて、次に魚肉のうま味について話そう。魚には赤身の魚と白身の魚がある。赤身の魚の代表はマグロやカツオで、こいつらは、海の中を絶えず高速で泳ぎまくっている。魚という動物は、口から取り入れた水をエラに送って含まれる酸素を吸い取り、エラぶたを開閉して水を入れ替えるという呼吸法が原則だが、マグロやカツオはエラぶたを動かせない[▽3]。だから、常に口を開けて海中を突っ走り、海水をエラに通していないと、窒息してしまう。『かもめのジョナサン』[▼8]みたいに、ストイックな美学で泳ぎ続けているのではなく、そうしないと生きられない。比喩でなしに「生きるとは泳ぐこと」だ。こういう魚には、筋肉収縮のエネルギー源であるＡＴＰ、それを作る場であるミトコンドリア、その合成に必要な酸素を運搬・保持する役目のタンパク質ミオグロビンが多く含まれる。ミトコンドリアの体積が多いぶん、収縮のための部分は相対的に少なくなり、肉質は軟らかい。ミオグロビンは、血液のヘモグロビンの兄弟みたいなタンパク質で、赤い。ゆえに、それが多いマグロ・カツオの筋肉は軟らかく赤いのである。

いっぽう白身の魚の代表はヒラメやカレイで、こいつらは、ご存知のように海底に寝そべったまま泳がない。▽4 呼吸も、エラぶたをパタパタ億劫《おっくう》そうに開閉して行うだけで、全身を使って泳ぐのは、外敵に襲われて逃げるときのほんの短時間だけだ。フグやタイも、寝そべってこそいないが、ユラユラ暮らしている。こういう魚の体側筋には、酸素貯蔵タンパク質ミオグロビンは少なくてよく、ゆえに白い。▼9 ミトコンドリアも少なくてよく、その体積ぶん相対的に収縮装置が多いから、肉質は硬い。

もっとも全身同質の筋肉でできているわけではなく、白身の魚でも赤身の部分、赤身の魚ではより赤身の部分がある。▽5 血《ち》合《あい》筋といい、体側の中央に配置されている。切身の三角の部分だ。ブリの刺身では、血合筋の赤と体側筋の白のコントラストが美しい。

筋収縮は、細胞内のATPがADPに分解されるときに放出されるエネルギーを利用している。ADPは魚が生きている間はATPに再生されるが、魚が死ぬとADP→AMP（アデニル酸）→アデノシンと分解されていく。AMP分子の6位のアミノ基が、酵素デアミナーゼで外されると、IMP（イノシン酸）になる。このIMPこそ、鰹節のうま味分子である（図5-5、AMPもそれなりにうまいよ、エビやイカやホタテのうまみ成分の一つだ）。したがって、もともとATP含量の多い赤身肉はうま味も多く、寝かせる（分解を進める）と、さらにうま味が増す。マグロもカツオも、とれたてより寝かせた方がうまい。タンパク質が分解して生じるアミノ酸系のうま味

(グルタミン酸やアスパラギン酸、グリシンなど)も増す。何でも新鮮がいいというわけではないのだ。しかし、もともとATP含量の少ない白身肉は、寝かせてもさほどアデニル酸、イノシン酸が増すわけではない。白身の魚の魅力は、うま味よりも歯ざわ

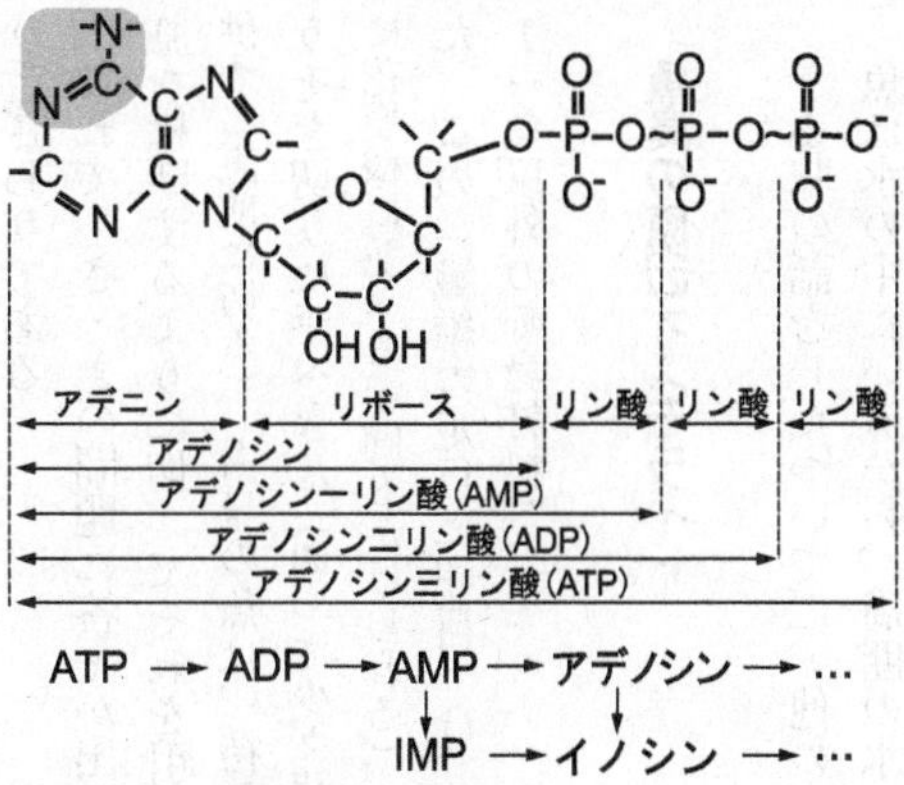

図5-5　ATP とその代謝

上：ATP はアデノシンにリン酸が三つ連結した分子。ATP のリン酸結合（～印）が切られて ADP や AMP になるとき、大きなエネルギーがとり出される。生物は、それを運動に使ったり（筋収縮）、光合成に使ったりする。というより、ほとんどすべての生体活動に使う。デアミナーゼが、アミかけ部分を HN-C=O に変えると、AMP は IMP になる。

下：生物が生きている間は ADP、AMP は ATP に再生されるが、死ぬと ATP は分解されていく。AMP、IMP は、生物学界ではそのままエーエムピー、アイエムピーとよぶが、料理界ではアデニル酸、イノシン酸とよぶ。

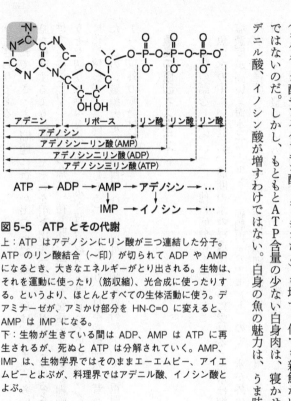

り舌ざわりである。

これで、さっきの問題に答えが出たよね。赤身の魚は、うま味が多いのだから、細胞を横断するように切ってそれを引き出すべきで（ただし、こう切るとダレやすいから供する直前に切る）、白身の魚は、持ち味の歯ざわりを活かすため、細胞を温存するようそぎ切りにすべきだ（切って少々時間が経ってもダレにくいから、フグ刺しを大皿一面に花模様に並べる手間もかけられる）。というより、日本の料理人は昔からそうしてきた。この「繊維の走行に注目」は、魚以外の刺身材料についても重要な点だ【解説1：魚以外の刺身材料】。

魚臭の原因オスモライト▽6

うま味の話をしたついでに、他の成分にも触れておこう。

魚は水の中にいるから、周囲の水の浸透圧をもろに受ける。海水は細胞内に比べて塩濃度が高い（海水三パーセント、細胞内一パーセント）ので、水が外に逃げていき、淡水（塩濃度〇パーセント）では、逆に水が細胞内に入ってくる。それでは困るので、魚は浸透圧調整のための分子（オスモライト）を細胞内に用意している。オスモライトには、環境浸透圧の変動に応じて作りやすく壊しやすい分子がオススメで、多くの魚がトリメチルアミンオキシド（TMAO）という物質を採用している。え？　海水の塩分濃度なんて、そんなに変わらないでしょ、って？　いやいや、沖の方の海水はあまり変わらないけど、湾内や沿岸では、川の水の流れ込み加減でかなり違うよ。雨でも変わるし。だから沿岸を回遊する魚種、サバやイワシでは、オスモライトはとくに重要だ。

このTMAOが曲者だ。魚が死んでこれが漏れ出して分解を受けると、トリメチルアミン（TMA）になる。これが魚の生臭さの最大の犯人だ。まさに曲者《くせーもの》なのだ。ベタなギャグでごめん。沿岸性の回遊魚の代表格がサバだ。サバが「アシがはやい（すぐに生臭くなる）」といわれるのは、このことをさしている。ただ、オスモライトは水溶性なので（水に溶けなくては浸透圧に関与できないから当然）、下ろした身を刺身に造る直前に塩水で洗うのは、有効である。でも、もっと効果があるのは酢（酸）で、アルカリ性のTMAを中和する。そう、しめサバは、魚臭を抑える合理的な調理法だったのである。北欧料理や地中海料理で生魚を使う場合も、ワインビネガーやレモンでしめる。マリネだ。砂糖も有効だ。刺身に砂糖とは奇妙に思うかもしれないが、板前さんが厨房でよく使う裏技である。▼10

食用魚には温帯産の魚と寒帯産の魚がある。魚は、自分の泳ぎのパフォーマンスを最適化するのに潤滑油を使っているが、魚油の成分は、生育域の水温を反映して、魚種ごとにかなり異なる。第4講で触れたように、油脂はその構成脂肪酸の炭素鎖が長いほど融点が高い、つまり冷えると固まる[11]。また、同じ炭素鎖の長さなら、二重結合が多いほど融点が低くなる。寒帯の魚は、泳いでいるうちに体の油が固まっては困るから(魚は変温動物だからね)、二重結合の多いTPAとかDHAとかを多く含んだ、低温でも固まらない油を採用している。そのことは前回話したね。

二重結合は酸化されやすい。で、自分が身代わりになって周囲の物質の酸化を防いでくれるから、「TPAはお肌の老化を防ぐ」とか「DHAは認知症の予防になる」とか「体にいいもの」と、最近さかんに宣伝されている。しかし、酸化された油は不快臭をもつ。したがって、タラやニシン、ホッケなどの寒帯の魚は、水揚げして時間が経つと、白身赤身を問わず、酸化油臭が強くなる。だからあまり刺身には向かない。TMAと違って、酸で中和するというわけにもいかない[12]。香りの強い薬味、生姜《しょうが》とか葱《ねぎ》とかでマスクする方法はあるが、無理をするより、産地でしか食べられないレアメニューにしておいたほうがいいんじゃないか。

刺身に向かない魚、刺身にできない魚

体節と体節を仕分ける隔膜とは別に、同類の筋群をまとめ上げ、隣の筋群と仕分け

る、いわば包装紙のような隔膜もある。さっき、一番背側と一番腹側は後ろに凸の「積みコーン」、中央背側と中央腹側は前に凸の「積みコーン」になっているといった。つまり、魚の体側筋は、左右4群合計8群の筋群に分かれていて、▼13 それぞれの間にこの種の「包み隔膜」がある。そして、その隔膜の上に骨が作られる。体を左右に分ける正中隔膜上に椎骨背《はい》突起（神経棘《きょく》）と椎骨腹《ふく》突起（血道棘《けつどうきょく》）、体を背腹に分ける体側中央の水平隔膜上に背肋骨《ろっこつ》といった具合だ【解説2：骨の話】。こうした肉間骨がむやみに多かったり、丈夫だったりする魚種は、刺身に向かない。ニシンを刺身にしないのは、この理由もある。アジは三枚におろしたあと、小骨ごと細断してゴマカしてしまう。それがタタキだね。イワシは、包丁で三枚におろすと小骨が肉に残るので、むしろ手で開いて肉を骨からしごき抜いてから、少し残った小骨ごとタタキにする。ハモは別の理由で刺身にしない魚だが、身をおろしたあと、数ミリ間隔でジョリジョリと包丁を入れ、▼14 小骨を切断して下準備する。

今、ハモを刺身にしないのは別の理由といったのは、ウナギ目《もく》の魚（ウナギ、アナゴ、ウツボ、ハモ）は、血清中にイクチオヘモトキシンという血液毒▼15を持つためで、生の身に触れると、時として出血を招く。▽7 ウナギを刺身にしないのも同じ理由だ。タンパク質性の毒なので、加熱すれば無毒化するから客はいいが、料理人は生で扱うから、目に入れないよう気をつける。手に傷があったら治るまで店を閉める（ってわけにもいかないか）。浜松などにはウナギの刺身を出す店もあり、私も食べたことがあるが、無理して生で食べるほどのことはない。蒲焼《かばやき》の方がおいしい。

毒といえば、熱帯の魚では餌のプランクトンが原因で毒化することが少なくない。さっき「食用魚▼16は温帯魚と寒帯魚」といって、熱帯魚を除いたのはこのためだ。有名なのはシガテラで、多くは消化器毒なので死ぬようなことはまずないが、吐き気や下痢で苦しむ。始末に困るのは、シガテラ毒の多く（源のプランクトン次第で多種類ある）はタンパク質ではないため、加熱しても無毒化しないことで、予防法は「熱帯魚は食べない」しかない。

寄生虫にも気を付けよう。アニサキスは回虫などと同じセンチュウの仲間で、胃壁に食い込んで激しい胃痛を起こす。たいていはしばらくすれば虫が死んで胃痛は収まるが、それまで七転八倒して苦しむ。冷凍すれば虫は死ぬので、冷凍物しか買えない私のような貧乏人は大丈夫だけれど、リッチなグルメは刺身をよく見て食べよう。長さ一センチ以上ある白い虫で、いれば肉眼で見えるから。ただし超リッチな「朝とれ新鮮極厚切り」とかいったら、知ーらない。最近は、クドアという寄生虫にも注意喚起が出されている。ヒラメ肉に一〜二ミリくらいの白い斑点（粘液に包まれた胞子嚢）が点在していたらアウトだ。

刺身と醤油の生理学

刺身や寿司を食べるとき、通ぶって「素材の味を楽しみたいから、醤油《しょうゆ》はつけない」という人がいる。個人の好みにケチをつけるつもりはないが、本当に素材の味を楽しみたいなら、むしろ少量の醤油はつけた方がいい。

第1講で触れたように、舌の味蕾《みらい》細胞にある味覚センサーは、すでに分子までわかっていて、厳密な生理学実験も可能になっている。このうちうま味センサーは、T1R1/T1R3二量体という分子なのだが、この分子は、アミノ酸系うま味物質（グルタミン酸など）にも核酸系うま味物質（イノシン酸など）にも応答する。ということは、刺身を、アミノ酸混合液といってもよい醤油と一緒に摂《と》れば、うま味センサーはより薄い濃度のそれに対しても鋭敏に応答することになる。

また、味蕾のうま味検出細胞（味細胞）には、このうま味センサー分子と甘味センサー分子（T1R2/T1R3二量体）をともに発現しているものも多い。ということは、うま味物質が甘味物質と一緒に来れば、より敏感にうま味検出ができることになる。さらに、ナトリウムイオンは、味細胞を脱分極（第4講参照）させるから、塩も味細胞の興奮を助ける。これらが、「味覚の相乗効果」の生理学的本態であり（心理的要素も無視すべきではないが)、素材の味を敏感に感じ取るには、醤油はつけた方がいいのだ。

もちろんドブドブにつけては話にならないが。

いま「通」をケナしたので、弁護もしておこう。それはもっともだ。薬味のワサビは、醤油に溶くのではなく、刺身側につけろという。それはもっともだ。わさびは、魚肉のトリメチルアミン臭や魚油の酸化油臭をマスクする目的のものであって、醤油の香りをマスクするためのものではないからだ【解説3：やくみのやくめ】。

板さんの包丁技

刺身を切り出すのも、料理人の技術の一つである。それを説明するには、まず包丁の説明が必要だ。

日本料理の刺身包丁は片刃である。[▽8]話は飛ぶが、日本刀も片刃である。でもこのときは、刀身に刃がついていて切れる側と、刃がついていなくて切れない側(峰)とがあって、新選組は勤皇志士を刃で斬り殺してしまうが[▼17]、鞍馬《くらま》天狗《てんぐ》は敵であっても峰打ちにして殺さない、ということをいう。槍《やり》や西洋の剣は、刃が両側についていて、峰打ちができない(槍は、逆さに持って石突側で突くことはできるけれど)。他人を非難すると、あとで同じ事が自分に返ってきて自分も傷つける某政党の演説みたいなことを

「両刃《もろは》の剣《つるぎ》」と表現するが、このときの両刃もこれをさしている。だが、包丁の両刃・片刃とは、このことではない。刃の断面をみたとき、砥《と》いで斜めにした面と、砥がずにまっすぐな面とがある、ということをいっている。この点でいえば、鞍馬天狗の刀も原田《はらだ》左《さ》之《の》助《すけ》（新選組の槍の達人）の槍も、同じく両面から砥いだ両刃《りょうば》だ。

この片刃包丁は、砥ぎ屋の不精ではなく、刺身のためのデザインなのである。図5-6をみてほしい。右図は刺身のサク（塊）をまな板に置いて、右側に刃がついた包丁（右手用の片刃包丁）でサクの右側から切っているのを、手元から見たところだ。このとき左側のサクは圧《お》されていない。切られつつある切身も、倒れていくからやはり圧されていない。そして、次の切身を切るときは、最初と同じ状況に戻り、きちんと長方形をした切身が次々つくられることになる。同じシチュエーションで、両刃の包丁で切っているところが左図。このとき、残るサクは圧されてつぶされている。そして、次の切身を切ると、つくられる切身は台形に

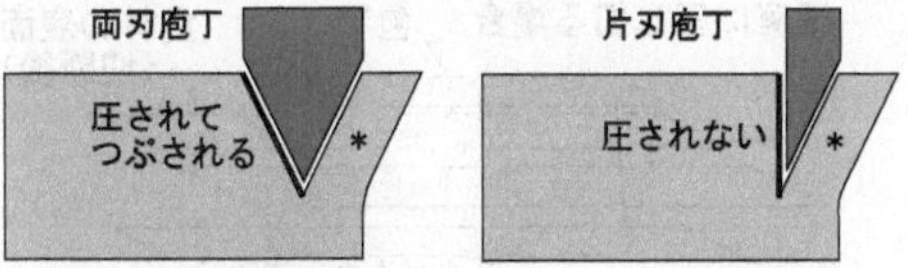

図5-6　片刃と両刃

まな板上のサクを調理人から見たところ。（右）右手用の包丁で右側から切ると、切身も残りのサクもつぶされない（切身*は倒れるだけ）。（左）両刃の包丁で（または、誤って左手用の包丁で右側から）切ると、残るサクは圧されてつぶれる。

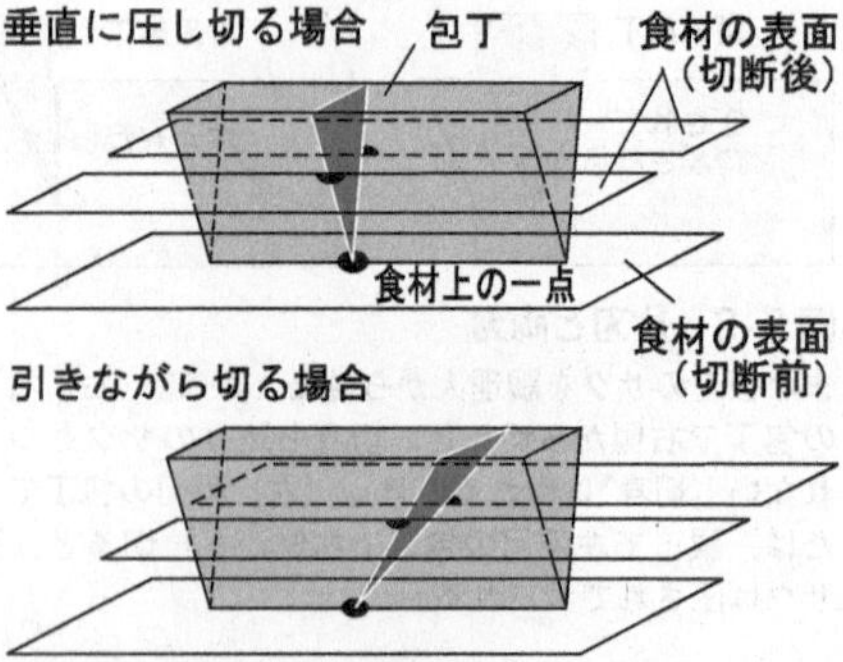

図 5-7　引き包丁の原理

ふつう包丁（グレー）は下ろしながら食材を切るが、ここでは図の煩雑を避けるため、包丁を固定して食材を持ち上げる形に描いた（物理的には同等）。食材上の一点（黒丸）に注目して、そこが包丁のどこに接触しているか軌跡を追うと（白線）、引き包丁では食材が実質的により鋭い刃で切られていることがわかるだろう。包丁が両刃でも片刃でも同じこと。

なってしまう。つまり、片刃の刺身包丁は、きちんと角の立った切身をつくるためにある。ただし、もしサクの左側から切ったら、ダメである。あるいは、左側に刃のついた包丁（左手用包丁）で右側から切ったらダメである。

包丁は手前に引きながら使う。引きながら切れば、同じ包丁でただ真上から圧し切る状況と比較して、より鋭い（鋭角の）包丁で切るのと同等な状況になるからだ。それを説明したのが図5-7。どうも煩雑な図になってしまって、かえってわからなくなったらごめんなさい。直感でわかるようにいい直そう。今はもう絶滅したが、昭和三〇年代までは大道芸人という人がいて、▼18「刃渡りの術」というのを見せていた。まず刀で半紙をスパーッと切ってみせる。次にその刀を下に置き、その上をはだしで歩いて見せる。すると見物人がヤンヤと喝采してお金を投げる。からくりはない。刀を引きながら使ったらよく切れるが、直角に圧したらそうでもない、という原理を応用した曲芸だ。あ、手前に引きながらじゃなくて奥に押しながら切っても同じことになるはずだね。でも刺身包丁を押しながら使う板前さんはいないな。切れ味は同じでも、狙いをつけにくいからだろうか。

解説1　魚以外の刺身材料

魚以外の刺身材料として一番ポピュラーなのは、イカだろう。イカの胴(外套《がいとう》)の筋肉は輪状筋、つまり体の長軸に直角に走っている(魚と逆)。だからイカがこれを収縮させると、胴が細く絞られることになる。この絞りを胴の先(ひれの方)から、開いている胴の末(足の方)へ順序よく送れば、中の水が絞り出されて、イカはジェット推進のように進む。冬の日本海のイカ釣りでは、勢い余ったイカが海面を飛び出して空中をビュンビュン飛び交うという。

だからイカ刺し、イカそうめんをつくるとき、体軸に沿って(輪状筋を断ち切る方向に)切るか、輪切り方向に(輪状筋を残す方向に)切るかで、全然違った食感になる。うま味をとるなら縦に、舌ざわり歯ざわりをとるなら横に、両方半分ずつ取るなら斜めに切ろう。

ホタテガイで刺身にするのは貝柱、閉殻筋という円柱形の筋肉だ。アサリやハマグリの閉殻筋は前後二個あるが、ホタテガイの場合は後閉殻筋だけが発達する。よく見ると、クリーム色の大きな部分と、白い三日月形の小さな部分とから成っている。この二つは役割が違う。大きい方は、急速な殻の開閉を繰り返して泳ぐために使う（活きのいいホタテガイはすごい勢いで泳ぐぞ）。小さい方は殻をじっと閉じておくために使う。小さい方は、硬い場合が多い。[19]食感を大事にするなら、分けた方がいいだろう。見ただけでもわかるし、殻を閉じる目的からもわかるように、筋繊維は円柱の上下方向に走っている。大きい方はもともと軟らかいので、うま味を重視して（もし切るなら）繊維に直角に切ろう。

そのほか、エビ、カニ、ウニなども刺身にするが、殻から出したあと包丁を入れることはあまりないので、省略。[20]

解説2　骨の話[9]

先の図5－3では横断面に表れる筋群の同心円模様を強調したが、筋群と筋群の境界にもコラーゲン製の隔膜があり、その上に骨が伸びたり新たに生じたりする（図5－8）。まず椎骨背側の突起が、体を左右に分けている隔膜（正中隔）上に伸びる。だが、脊椎の真上には神経管があるので、これを突き抜くわけにはいかない。そこで、まず左右に出て、神経管を越えた先で

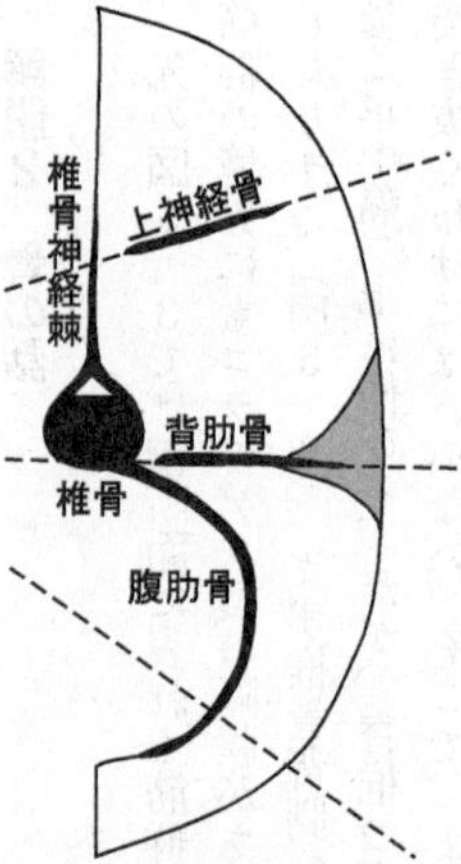

図 5-8　魚の骨

筋群と筋群の間（図 5-3 右）に渡される骨。腹腔が終わった後の下半身では、椎骨から、背側の神経棘と対称に左右合一した棘（動脈を包むので、血道棘という）が出る。ひれを動かす骨は省略。

左右融合する。完成した状態をみると、まるで椎骨が神経管を取り囲んで保護しているかのようだ（まあ、その通りなんだけど、そのせいで、ぎっくり腰でずれた骨や椎間軟骨が脊髄をつぶして痛む）。

腹側も同じやり方で、まず突起が左右に出て、腸や内臓がある上半身では、先に肋骨がつく（腹《ふく》肋骨）。この肋骨は椎骨と融合して動かない。腸が終わった下半身では、背側と同じように左右の突起が融合して血管を包む。つぎに、体側中央で体を背側と腹側に仕切る水平な隔膜中にも骨が生じる。これは椎骨との間に関節ができ、動ける。この骨を背《はい》肋骨という。えっ、魚には肋骨が2種類あるの？　はい、そうなんです。だけど、魚の背肋骨は内臓を包んでいないから、名前だけの肋骨ね（上椎体骨と呼ぶこともある）。ところが、魚が陸に上がり鰾《うきぶくろ》を肺に転用して肺呼吸をするようになると、動かない腹肋骨は廃止して、前後に動けて呼吸を支援できる背肋骨を新たな肋骨に採用することにした。私たちの肋骨はこちらだ。つまり、「背肋骨」とは、進化後に肋骨になる予定の骨という意味である。

魚種によっては、このほかの隔膜中にも小骨をつくった（そこまでしない魚種もある）。ややこしい話でごめん。何がいいたかったかというと、骨というものは、筋肉より先に生じて筋肉を張る支えになる、と思っていると間違いで、コラーゲン組織があると、その中に勝手にできてしまうものなのだよ。サッカーやアメフトの選手で、激突でケガしたあとの痛みが長く引かないようなときレントゲンで診ると、筋肉や関節の中に骨ができていることがある。異所性骨化という。

解説3　やくみのやくめ

刺身には、ワサビやショウガやシソの葉、カツオのたたきなどではニンニク、ネギ、ミョウガなどが添えられる。どれも強い香りを持っていることからわかるように、魚の生臭みをマスクするのが第一目的である。第二目的は、複数種の刺身を盛り合わせている場合、うち一つから別に移るときに味覚をリセットすることで、それには苦いもの辛いものが効果的だから（脳生理学的には、苦味・辛味は警戒信号で、馴《な》れを解除することができる。もみじおろしのトウガラシも同様）、タデ、菊の花などが使われる。第三目的はいろどりだが、日本料理では皿の上に出すものは食べて差し支えのないものに限るので（船盛の船も？　いや、あれは皿の一部）、いくらきれいでも、アジサイの葉とかスイセンの花など、毒のあるものは使えない。

刺身の下に置くツマ、大根の繊切りや海藻は、刺身の乾燥を防ぐとともに、肉の断面から出るドリップを吸収して、味のキレを保つのが役目だが、大根の辛味は、今もいったように、味の馴れをリセットして際立たせる効果があるので、次の刺身に箸を移す際につまむのが効果的だ。ツマを食べるのは貧乏くさいという人がいるが、（少し）食べるのが通だ。大体からして、つまむものだからツマという。

注

▼1――包丁で切るのに、なんで刺身なんだ、切身じゃないのか、いや侍が「切る」「切られる」を嫌ったからだよ、というような問答がよく聞かれる。実際は、本当に刺していたから刺身なのである。包丁式というような儀式を見学したことがある。烏帽子《えぼし》・直垂《ひたたれ》を着け、右手に長い料理刀、左手に長い金箸を持った包丁師が、魚に手を触れずに、つまり金箸で魚の身のあちこちをグサグサ刺して押えながら、神様に供える料理をつくる。だから刺身なのである。その後、それを直会《なおらい》（神様からのお下がり）として戴《いただ》くのだが、箸（というより串）の刺し跡が至るところに残り、決して美しいものでもおいしいものでもなかった。神様も「素手を使って結構だから、スパッと切ってくれ」と仰《おつしや》りたかろう。

▼2――第3講解説2で述べたミミズや昆虫の「体節」と、成立の経過こそ違うが、デザインは似ている。

▼3――実は椎骨の形成はもう少し複雑で、各体節の後半の細胞と、一つ後の体節の前半の細胞とが合わさってできる。[▽2]「その必然性と合理性を述べよ」などという問題が、発生学の試験によく出される（出す）。

▼4――私事で恐縮ながら、私は中学生時代から腰痛に苦しんでいる。走高跳は一九六四年の東京五輪までみな腹側でバーを越えるベリー・ロールで跳んだが、その後背側で

越す新技術が発明された。軽率な陸上部員であった私は、いきなりマネして空中で脊椎スベリ症を起こした。発明者ディック・フォスベリ（思えば不吉な名だった）は、一九六八年メキシコ五輪を新記録で制した。

▼5――マアジの椎骨は二四個、マダイ二六、クロマグロ三九、マイワシ五八、シシャモ七二、ウナギ一一六[▽10]。

▼6――筋肉の形や位置を変更するには遺伝子の改変が必要だが、筋肉を動かす順序といった神経プログラムの変更はいつでもできる。そうでなければピアノは弾けない。

▼7――筋細胞は隔膜から次の隔膜まで、腱から腱まで、ごくごく細いけれど1個の細胞である。それが集まって束になっている。ケンタのCMで高畑充希《たかはたみつき》サンが辛口ハニーチキンをパクッとしたとき、充希サンではなくチキンの方を見てほしい。噛《か》み切った端には〇・一ミリくらいの細い繊維がパサパサと飛び出ているだろう。その繊維一本一本が筋細胞である。

▼8――一九七四年ころ、学生運動に挫折《ざせつ》した若者の間で大ヒットし、しかしアッという間に忘れられたリチャード・バック作・五木《いつき》寛之《ひろゆき》訳のポップ小説の主人公カモメ。

▼9――マグロの体側筋（赤身）では、ミオグロビンが筋湿重量一〇〇グラムあたり一〇〇ミリグラム以上含まれる。それに対してヒラメの体側筋（白身）では一〇ミリグラムもない。血合筋を比較しても、マグロでは三〇〇ミリグラム以上、ヒラメではやっと

一〇〇ミリグラム程度だ。ちなみに、牛肉では五〇〇ミリグラム程度あって、これが魚なら超赤身だが、肺呼吸ゆえに潜水中長時間息を止めている必要があるクジラの肉では一〇〇〇ミリグラムにもなり、赤身を通り越して黒身である。▽4

▼10――カツオのたたきなどの下準備で砂糖をまぶすと、明らかに消臭効果がある。アミンと糖との化学反応が関係していそうだが、よくわかっていない。

▼11――炭素鎖の長い脂肪酸を化学用語で「高級脂肪酸」とよぶが、悪い（賢い）食品業者はこの語を織り込んで、高級脂肪酸使用などと宣伝する。嘘ではないが、かぎりなく嘘に近い。

▼12――刺身でなくていいなら、食用油をまぶして魚油を溶かし、揮発を抑える（匂わなくする）方法がとれる。マリネやカルパチョではそうしている。オイルサーデン（イワシ油漬）、オイルヘリング（ニシン油漬）も同じ発想。

▼13――この4群のさらに背中側、腹側に新たな筋群が追加されている魚種もある。

▼14――名人は、一寸（三センチ）に二四回包丁を入れるという。

▼15――ウナギ毒が生理学者の間で有名なのは、一九一三年ノーベル賞を受けたシャルル・リシエがアレルギーの研究に使った抗原がこれだったからである。リシエがなぜこれを選んだかは知らない。

▼16――シガテラ（「シガ中毒」の意味なので「シガテラ中毒」は同語反復）をはじめ

とした熱帯海産物毒性の研究では、戦前の「南洋」委任統治時代から日本の研究、とくに東北大学の研究陣が強く、多くの成果がある。近年ではタヒチ産サザナミハギの毒マイトトキシンの研究[▽11]が有名で、重合体でない単分子で構造決定された分子としては、最大（$C_{164}H_{256}O_{68}S_2Na_2$ 分子量 3422）。

▼17――西洋の刀でも、サーベルは刃側と峰側がある片刃だ。中国語では片刃の刃物を刀、両刃の刃物を剣と区別するらしいが、「キリンのオスをキ、メスをリンという」みたいなペダンティシズムに近く、日本語では区別しない。「剣」豪宮本武蔵《みやもとむさし》がフェンシングのマスターだったとは聞かない。

▼18――寺社の境内で、縁日にヨーヨー釣りとか金魚すくいと並んで芸を見せていた。バナナのたたき売りとか、ガマの油売りとか、火の輪くぐりとか。そうそう、テントを張ったアヤしい「衛生博覧会」というのもあったな。今も縁日はあるけれど、食べ物屋台ばっかりで、芸を見せる芸人はいない。

▼19――役割に応じて筋肉の性質も違う。大きい方は横紋筋（顕微鏡で横縞《しま》が見える筋肉）、小さい方は平滑筋（縞がない筋肉）である。この平滑筋は、いったん収縮すると、エネルギーを使わずに縮んだ状態を保つことができる。これをキャッチ（とめ金現象）という[▽12]。その仕組みはいまだに謎が多い。硬いことが多いのは、出荷時に貝が殻を閉じたときのままだからだ。大きい横紋筋のほうは、殻閉じは平滑筋に任せて、収縮をやめ

ている。だから軟らかい。なお、地中海ではホタテガイが海面に帆を立てて浮かんでいる（そこに裸の女神が立っている）という噂は、嘘である。日本のホタテガイは学名を*Patinopecten yessoensis*（蝦夷《えぞ》の皿櫛貝）というが、なぜ蝦夷か。一八五四年ペリー艦隊が開国を求めて浦賀に来、幕府の回答を待つ間、箱館《はこだて》に回航して採集した貝が学会報告されたからである。

▼20――省略といいながらコメントすると、エビは、胴を伸ばす筋肉が背側に、胴を曲げる筋肉が腹側にある。後者の方が太くて強いため、身は丸く屈《かが》みがちなので、そうさせたくなければ腹側に包丁を入れて筋を切っておく。ついでに背中の腸（背ワタ）も抜いておこう。

本講は、エコール 辻大阪、辻日本料理マスターカレッジでの講義をもとに構成した。

第6講　食器の話

ニッチとは何か

生態学[▼1]にニッチという概念がある。「生態的地位」と訳される。まずこれを説明しよう[▽1]。

異なる地域・時期にあっても、その環境内で同等な役割を果たす生物種がある場合が多い。たとえば、オーストラリア大陸は、ゴンドワナ大陸[▼2]から分かれて以降一・四億年間、他大陸と交渉をもたず、哺乳類は独自の動物群（有袋類など）を進化させてきた。

なのに、アフリカ大陸にライオンという大型肉食動物がいれば、オーストラリア大陸にはフクロヤマネコという大型肉食動物がいる。互いに遺伝学的な類縁関係はまったくないにもかかわらず、形質（形や性質）は非常によく似ていて、それぞれの環境内で同じような役割を果たしている。一方にモモンガという滑空哺乳類がいれば、他方にはフクロモモンガという滑空哺乳類がいる[▽2]。一方にヒトがいれば、他方にはフクロヒトがいる（うそうそ）。

なぜそういうことが起きるか。

それは、もし一方に相当するものが欠けていたならば、その空白に進出する生物が出てくるはずで、似た環境に適応する以上、似た形質を備えるはずだから、と説明される。進化の圧力は、空白を空白のまま放っておくはずがないから、といっても同じことだ。

オーストラリアのカンガルーは、平原を高速で走りまわる草食動物として、ユーラシアのウマかアフリカのシマウマに相当する存在だろう（図6-1）。その意味で「生態的地位」という固い訳語より、もともとの意味である「スキマ」といったほうが実感がわくかもしれない。[▽3]

半村良《はんむらりょう》の『戦国自衛隊』では、戦国時代にどういうわけか織田信長が欠けてしまったため、現代から自衛隊がワープさせられて、土岐《とき》衆と呼ばれながら、戦国日本を統一する信長の役割を担い、やがて京都は妙蓮寺において細川藤孝《ほそかわふじたか》のクーデターで滅ぼ

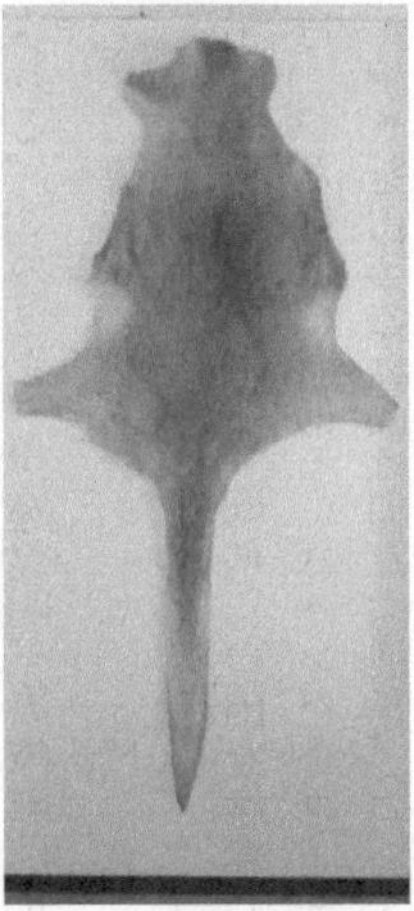

図6-1　カンガルー
私の家にオーストラリア少年がホームステイしたときのお土産。写真上縁が天井、下縁が床。コドモとのことだが結構大きい。カンガルーは「あの動物は何」ときかれた先住民の答え「外国語わからん」が名になったという話は冗談で、彼によると先住民もこの動物を「カングル」と呼ぶ。

される。このとき、伊庭《いば》義明《よしあき》三等陸尉は正史の織田信長のニッチを占める。

さて、米国発祥のハンバーガーは、一九七〇年の日本上陸以来（『実況・料理生物学』第3講参照）瞬く間にこの国を席巻してしまったが、もしハンバーガーの「来日」がなければ、あるいはハンバーガー「来日」前の日本で、現代のハンバーガーのニッチを占める食品は何だ（何だった）ろう。

ファストフードという意味で寿司だろうか、小腹の足しの中間食という意味でざるそばだろうか。私は、総合的にいって、牛丼ではないかと考えている▼3。

まず共通点は、①主食と肉とから成るシンプルな食品であること。肉はあらかじめ半調理してあり、注文を受けたら加温してぶっかけるかはさむだけ。②アクセントはピクルスだけ。酢漬ショウガの繊切りか酢漬キュウリの薄切りかの違いしかない。③ごく短時間で供され▼4、客もごく短時間内に掻きこみ「ごっそさん」といい残して店を出る。④中〜低額所得勤労者向けの昼食で、高額所得者はこれらを食事とは認めない。⑤勤務先での外食であって家庭で食べるものではない（最近はテイクアウトも盛ん）。

牛丼は、明治三二（一八九九）年、日本橋の魚市場（まだ築地でも豊洲でもない）先で、早朝仕入れを終えた魚屋が自店に戻る前に小腹を満たすための『吉野家』▽4を、松田栄吉《えいきち》（生没年不詳）が始めた。これが、現在に直結する牛丼の発祥だが、それ以前にルーツはある。

明治の文明開化、天皇ご自身がキャンペーンを張って肉食を奨励したものの、▼5当時の日本人に獣肉は匂いがきつく、庶民の食べ方としては、匂い消しのために味噌や醤油で濃く味をつけた「牛鍋」が主だった。また、匂いをもって匂いを制するため、ネギがつけ合わされた。

この料理は、鍋を囲む集団食でもあったから、あたらし物好きな書生たちの間で徐々に広がり、一八九〇年代にはあちこちに牛鍋店が生まれた。これをチェーン化したのは木村荘平《しょうへい》(1841-1906)、屋号を『いろは』という。「めざせ四八店」という意味だろう▼6▽5。

木村は京都の生まれで、伏見で八百屋を開いていた。慶応四(一八六八)年一月、鳥羽・伏見の戦いで、薩摩藩に売掛金の回収見込みなしで仕出しを行い、薩摩藩への貸しをつくった。維新のあと、都が東京に遷されて京都はさびれたが、薩摩の重鎮、大警視(警視総監)川路《かわじ》利良《としよし》は、明治一一(一八七八)年、東京の官営屠場《とじょう》を木村に下げ渡す。薩長藩閥政治の専横ぶりの一例でもあるが、官営長崎造船所を三菱に、官営富岡製糸場を三井に払い下げたのに比べれば、スケールはごく小さい。

木村はこのチャンスを生かした。牛鍋屋チェーンを開いたのだ。一号店は芝三田《しばみた》四国町《こくちょう》に、以下東京府内に最盛期には二十数店舗を誇った。

なぜ二十数店止まりだったかといえば、木村は、各店に一人ずつ愛人を配置して店の切り盛りをさせたからだ。毎晩各月の売り上げを回収して回るには、これ以上の店舗数は、物理的にも生理的にも不可能でしょうよ。

生物学的必然として、愛人たちは次々に婚外子を儲けた。[7] 木村はその子らが増えてくると、もう一人一人に名前を考えるのが面倒になったのだろう、粗雑にもなんと番号でつけた。荘平の六番目の子だから荘六《しょうろく》、以下荘七《しょうしち》、荘八《しょうはち》、九重《くえ》、荘十《そうじゅう》という具合である。

親はなくとも子は育つ。彼らの多くは後世に名を残す。荘六は奇術師（アダチ龍光《りゅうこう》の師匠）、荘八は画家（永井《ながい》荷《か》風《ふう》の朝日新聞連載小説『濹東綺《ぼくとうき》譚《たん》』の挿絵で知られる）、九重は甘味店『九重』を創業、荘十は作家（一九四一年『雲南守備兵』で直木賞）、荘十《そと》二《じ》は映画監督（東宝映画の前身ＰＣＬの代表的監督、一九三六年『兄いもうと』などの名作を残す）[8] となる。

これらの牛鍋屋で流行った食べ方が、白飯の上に牛鍋をぶっかける「牛めし」だった。[9] さんざん寄り道をしたが、ここまでが牛丼前史で、松田栄吉の吉野家につながっていく。

牛丼の変奏

「牛めし」「牛丼」を原型《プロトタイプ》にして変奏《バリエーション》が生まれる。原型とは「甘辛味の割り下で肉とネギを煮、丼飯に載せる」というコンセプトである。

まず、牛肉を鶏肉に変えると「鳥めし」になる。鶏肉をネギとともに煮る鍋（鳥鍋）は維新前からあったから▼10、「鳥めし」は「牛めし」から間を置かず生まれただろう。

次に「鳥めし」は、第二原型を生み出す。それは「親子丼」。卵でとじる形式のぶっかけ飯の誕生だ。明治二四（一八九一）年、日本橋人形町の鳥鍋屋『玉ひで』でのことだという▼11▽6。「親子丼」というネーミングもいいセンスだ。

この卵とじは丼めしの転機といってよい。いとこ丼（鶏肉の代わりに鴨肉を卵とじ）、他人丼（鶏肉の代わりに豚肉を卵とじ）、開化丼（鶏肉の代わりに牛肉を卵とじ、親子丼から先祖返り）、木の葉丼（鶏肉の代わりにカマボコ）、衣笠《きぬがさ》▼12丼（鶏肉の代わりに油揚）、などのバリエーションを生んだ。そして、かつ丼。

生物の進化研究で、化石の記録をたくさん集めてみると、進化は常に一定の速度で別種を生み出してきたわけではなく、ある段階にきて急に多数のバリエーションが生み出される、扇の「要《かなめ》」のような段階があることがわかる【解説1：分子系統学】。こうした急展開を「放散」という。

たとえば、人類の進化史では、*Homo erectus* が多くのヒト種を生み出す放散の「要」となった【解説2：人類の進化】。親子丼は人類進化史の *Homo erectus* に相当する放散の要だといえる。

ここで宿題を出しておこう。親子丼、いとこ丼はあるが、夫婦丼《ふうふ》はない。夫婦丼を提案せよ。

かつ丼の誕生

かつ丼と呼ばれる丼めしの最初は、大正一〇（一九二一）年、早稲田予備門の学生中西敬二郎《なかにしけいじろう》が、行きつけの食堂『カフェハウス』に提案したもので、洋食として普及しつつあったポークカツレツを、丼に載せてソースをかけたものだったという。[▽7]今日でいうデミグラスソースかつ丼みたいなもののようだが、これは新種料理というより、食卓への供し方の違いにすぎない。

ほぼ同じころ、やはり早稲田門前の学生町のそば屋『三朝庵《さんちょうあん》』は、予約をドタキャンされて余って冷えてしまったポークカツレツを、骨を取って短冊に切り、割り下で煮て再加熱し、親子丼の要領で卵とじにして出したところ、大ヒットした。こちらこそが、現在ただ単に「かつ丼」といえばイメージする料理の発祥といえる。▼13 三朝庵は現在も同地にあり、「元大隈家《おおくまけ》御用《ごよう》」の看板を掲げて営業している。▼14 ただし、ごくふつうの学生街の食堂で、格別驚くような店ではないし、当のかつ丼もごくふつうだ。

なお、三朝庵はカレーうどんの発祥地でもある▽8（明治三七年）。これもごくふつうのカレーうどん。同店を訪れて「なぁんだ」という客もいるが、逆にいうと、自店のメニューを「日本のスタンダード」にしてしまったところにこそ、驚いてほしい。私は早稲田出身ではないが、高校時代、わが校の陸上部の対抗戦打ち上げコンパは、毎年この店で行われたので、よく知っている。

ここで注目すべきなのは、かつ丼の誕生が「とんかつ」の誕生より前だということだ。とんかつは昭和四（一九二九）年、御徒町《おかちまち》の『ポンチ軒』で創始されたとされる。それ以前の早稲田の学生が食べていた洋食のカツレツとは違うのだ。

カツレツとは、コートレット▼15、つまりあばら肉（côte）の小片（côtelette）という意味である。骨つき豚ロース肉に衣をつけ、バターないし牛脂《ヘット》または豚脂《ラード》で炒め焼きし、そこにグレービーまたはデミグラスソースを添えて供するフランス料理（または英国料理）であり、これをナイフとフォークで食べるものだ。

それに対してとんかつは、あらかじめ除骨した厚切り豚背肉にパン粉をたっぷりつけ、大量の油の中で天ぷら流に泳がせて揚げ、厨房で切ってから供し、箸で食べるものだ。だから、とんかつはコートレットの変形というより、あらかじめ骨を除き、切って供し、箸で食べたかつ丼からの変形と見るべきである。

ポークカツレツ↓とんかつ↓かつ丼、ではなく、ポークカツレツ↓かつ丼↓とんかつ。今日の主題「進化」でいえば、魚↓鯨↓陸上哺乳類ではなく、魚↓陸上哺乳類↓鯨。

食事の容器と食器

さて、牛丼は日本のハンバーガーだ、という話からだいぶそれてしまったが、決定的な違いもある。それは、いうまでもなく容器《コンテナー》と食器《カトラリー》だ。ハンバーガーは手づかみだが、牛丼には丼と箸がいる。

東アジアでは、歴史の始まりとともにカトラリーがあり、手づかみで食事をすることはしなかった。中国では紀元前から（紀元前六世紀の孔子のころには間違いなく）箸と匙《さじ》を使った[▽9]。日本でも大陸との交流が始まるや（六世紀の聖徳太子のころには間違い

なく）箸が使われた。上部がつながった竹製のトングまで箸とみなせば、もっと早い。▼16

欧州で、調理用ではなく食事用のナイフ、スプーンが用いられるようになったのは、一七世紀以降、フォークは一八世紀以降で、それまでは手づかみ・じか飲みであった。▼17

レオナルド・ダ・ビンチの『最後の晩餐』の食卓には、パンやワインのほか、魚▼18もオレンジも並んでいるが、カトラリーは置かれていない。イエス様は「これをとって食べなさい」といったが、カトラリーは用意しなかった。十二使徒も「えーと、フォークは？」とは聞かなかった。当然、手づかみである。レオナルドが紀元一世紀のエルサレムの食卓を時代考証した結果、壁画からナイフ・フォークを除いたわけではない。一五世紀のフィレンツェにもそんなものはまだなかったから、描けなかったのだ（図6-2）。

その後、右手のナイフで突き刺して口に運ぶ時代、左手にバーベキューの串のような棒を持って押さえる時代、串では肉がぐるぐる回るので、肉押さえにはさすまた状の二本歯フォークを使う時代、ナイフ側でなくフォーク側で口に運ぶ時代などを経て、ごく最近になってやっと今の状態になる。

こうしたカトラリーの発明と変遷については、ヘンリー・ペトロスキー『フォークの歯はなぜ四本になったか』▽10（平凡社）の論考に詳しいが、これはまさに生物進化論の教科書として奨めたい。便利な箸に馴れ、二五〇〇年間使い続けている東アジア人

図 6-2　最後の晩餐の食卓

大塚国際美術館にて。図中、家人の頭付近に魚の皿がある。魚はほとんど姿のままだから、調理法は蒸しか。あるいは酢じめかもしれない。

から見ると、西洋で箸がなぜ生まれなかったのか、不思議でならない。

コンテナーのほうは、洋の東西を問わず、大昔から使われている。が、この進化史も同じではない。土器（素焼き）から始まるところは同じ。しかし、西洋ではその後、金属器が発達する。先ほど引いた『最後の晩餐』でも、魚は金属皿の上にある。鉄、青銅（銅と錫《すず》の合金）、白銅（銅とニッケルの合金）[19]、ぜいたくなら銀の器が使われる。

なぜ、土器に代わって金属器が発達したのかは、わからない。戦争と武器の発達と関連しているのかもしれない。土器を進化させる条件としての粘土がなかった、というわけではない。後には上等な陶器がちゃんと発達するのだから。単にたまたま、かもしれない。

一方、東洋では、土器の進化形としての陶器・磁器が発達する。

陶器と磁器の違いは、焼成温度の差、材料の土の差、土の量の差、釉薬《うわぐすり》の差などいろいろあるが[20]、根本は産地の差で、そこに産する粘土の特性に適応して、焼き方や釉薬の引き方が選ばれたと考えられる。陶器用の土を薄く成形はできないし、もし薄くつくったらつなぎのガラス質が足りず、割れる。逆に、磁器用の土を低温で焼いたら、ガラス質が融けきらず、形を保てない。

つまり、ダーウィニズムでいう「環境適応」が起きたということだ。

というわけで、陶磁器のことを英語でチャイナ china という。固有名詞の China

ではなく、一般名詞として小文字で綴る。日本でつくってもチャイナだ。瀬戸焼《せとやき》も信楽焼《しがらきやき》もチャイナだ。英国で焼いてもチャイナだ。

一八世紀末の英国で、白い粘土が不足したため、ある職人が試しにウシの骨を砕いて使ったところ、大成功した。毎週ロースト・ビーフを焼く国(『実況・料理生物学』第1講参照)だもの、牛の骨ならいくらでもある。ある職人とは誰のことか。ジョサイア・ウェッジウッド二世(1769-1843)のことだ。▽11 彼の姉スザンナが、かのチャールズ・ダーウィンの母だ。彼の娘エマがチャールズ・ダーウィンの妻だ。これがいいたくて、話を無理やり曲げてしまったが、ウェッジウッドの骨焼《ボーン》チャイナは、その乳白色の肌▼21と透光性が愛《め》でられ、英国王室御用達の名器となった。

陶磁器が金属器より食器に向くのは、第一に低い化学反応性、第二に低い熱伝導性である。金属器に酸を入れれば、金属が溶け出し、不味《ふみ》になる。鉄なら貧血に効くからまだいいけれど、銅や錫や鉛では中毒する。梅干をアルミ箔で包んだら一晩で穴があく。銀は薄い酸くらいでは溶けないが、食品中の硫黄▼22と反応してすぐ黒くなる。その点で陶磁器は強い。二酸化珪《ケイ》素は酸にもアルカリにも溶けない。

陶磁器は熱伝導が悪いので、唇をつけても火傷しないし、手に持てる。熱い紅茶を金属カップに入れたら、口をつけたとたん火傷する。だいいち持てない。そのうえ、金属器はすぐ冷める。陶器の茶碗なら、放熱するのは上面からだけだが、金属器は全面から放熱するからだ。

陶器の悪いところは割れることだが、あるいはこれも商売上は長所かもしれない。金属器だと、いったん売ったあと、もう買い替えは期待できない。怪談『番町皿屋敷』では、青山家の下女お菊が家宝の皿一〇枚セットの一枚を割って折檻《せっかん》され、井戸に身を投げるが、▽12金属皿では落としても割れず、「いちまーい、にまーい」の名場面が成り立たない。カラーンガラガラ、まったくお菊はおっちょこちょいだねぇ、で終わりだ。

木器と漆

さて、日本は木と森の国である。そこで木を使って食器をつくる技術が発達した。木材は軽く、断熱性にも優れ、高温の窯《かま》で焼くというハイテク技術（当時）も要らない。ただ、耐水性がないという弱点がある。それを補うのに使われたのが漆《うるし》だ。もちろん木材を使う工芸は世界中どこにでもあり、木彫の神像・仏像、人形は珍しくないけれど、漆と組み合わせて木材を食器に使ったのは日本のオリジナルだ。そこで、陶磁器をchina と呼ぶように、漆器《しっき》を普通名詞で japan と呼ぶ。米国でつくってもジャパン。

かつては、漆芸《しつげい》も中国から伝えられた技術と考えられた時代もあったが、縄文遺跡から漆器（食器ではなく装身具だが）が出て、今は日本固有の技術と見るのが通説になっている[13]（決して国粋主義でいうのではない）。

漆の研究は、大阪大学と縁が深い。阪大第三代総長、眞《ま》島《じま》利《り》行《こう》博士（1874-1962）は、東京帝国大学理科大学を卒業後、一九〇七年、チューリヒ工科大学の化学者リヒャルト・ヴィルシュテッター[23]（1872-1942）のもとに留学し、天然物有機化学を学んだ。技術的には、不飽和炭化水素（炭素鎖に二重結合を含む物質）への水素添加技術を学んだのが後の成功につながる。

一九一二年帰国して東北帝大教授となり、一九一七年、漆の主成分ウルシオールを構造決定する。[14]このとき使った装置が理学部G棟玄関に展示されているから、今日の帰りに見てほしい（図6-3）。

眞島博士の東北帝大教授時代の重要な業績がもう一つある。それは帝国大学に初めて女子学生を受け入れたことだ。詳しくは別項【解説3：眞島利行と日本初の女子帝大生】に譲る。

一九三一年、眞島は大阪帝大の開設とともに大阪に移り、トリカブト毒素[24]の構造研究などを行いつつ、多くの弟子を育てた。戦中から戦後にかけての混乱期、阪大総長を務め、一九四六年退任。一九四九年文化勲章受賞[15]。

話を戻そう。

ウルシオール（図6－4）はウルシの樹液の主成分で、水にはほとんど溶けない。

図 6-3　眞島利行先生記念パネル
（大阪大学総合学術博物館提供）
阪大理学部 G 棟玄関。

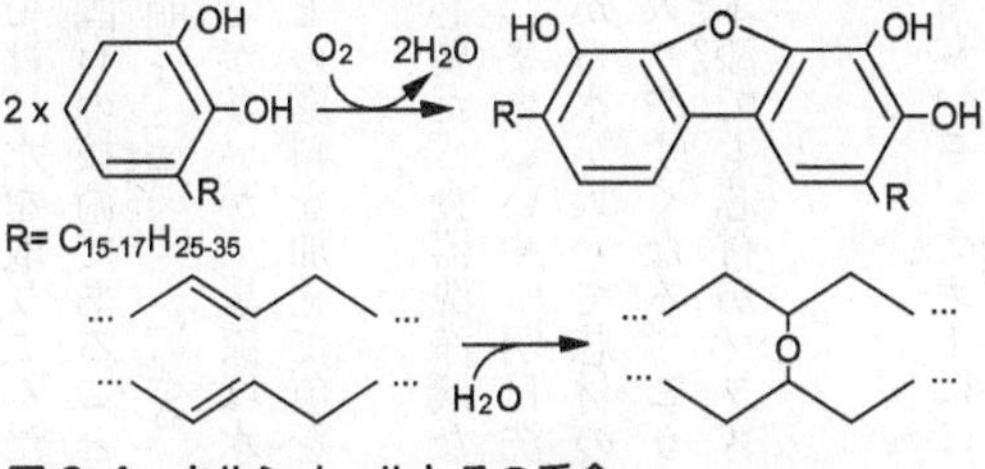

図 6-4　ウルシオールとその重合
上は芳香環での重合、下は炭化水素鎖間の架橋による重合。

ところが、日本のような湿度の高い環境では、水を取りこんだ酸化反応を起こして重合・固化する。▼25このことも、漆芸が日本固有の技術であることを裏打ちする。

この時、何も加えなければ淡褐色の透明な「透漆《すきうるし》」になる。「漆黒《しっこく》」という表現から、漆はそれ自体黒いと勘違いされることが多いが、黒漆は水酸化鉄を加えて発色させたから黒いのだ。朱漆は辰砂《しんしゃ》や弁柄《べんがら》などの顔料を加えて色をつけたもの。だから、やろうと思えば漆は青にも緑にもできる。

漆器は芯材が木だから、扱いに注意が必要だ。食器洗浄機などで乱暴に洗うと傷が入る。お正月の重箱など、酔いつぶれて「まあいいや、明日洗おう」などと横着して洗い桶に入れっぱなしにしておくと、傷から水が入って芯材の木が膨らむ。膨らめば傷が広がる。傷が広がればますます水が入りやすくなる。こうして家宝の重箱がワヤになる。ただし、最近の重箱は、塗りは本漆《ほんうるし》でも芯材がプラスチックのことも多く、それなら吸水しない。

金属器でも土器（陶磁器）でも木器でもないコンテナーには「葉っぱ」がある。バナナの葉で包んだ石焼タロイモ、ササの葉で包んだ粽《ちまき》（もともとは笹ではなく茅萱《ちがや》の葉で巻いたからチマキという）、海苔で巻いた海苔巻、カシワの葉で包んだかしわ餅。▼26柿の葉で包んだ柿の葉寿司、高菜で包んだ目はり寿司。朴葉焼《ほおばやき》なんてのもあるな。バナナの葉で包んで焼け石の上に置いて、埋めて蒸し焼きにしたポリネシアの仔豚の丸焼き、食べてみたいものだねぇ。

今日は玉子丼

本日の実習は、今日のテーマ、丼にちなんで玉子丼。牛丼、かつ丼にしたいところだけれど、時間（とコスト）がかかるからね。

卵はあまり打たないで。箸で黄身を崩す程度で結構。ネギは彩りを考えて青葱にした。はい、それでは、鍋に割り下（濃縮つゆを三倍に薄めたもの）を入れて。ほんとは一人前ずつ小鍋でやるのがいいんだけど、それじゃ時間がかかるから五人前ずつつくろう。沸騰したらネギを入れよう。三〇秒。次は揚げ玉。これが王子丼のヒミツ。揚げ玉がアタマ（牛丼屋用語で、載せる具のこと）全体をソフトにする。かつ、割り下を含んでジューシーにする。そしたら卵を流し入れよう。はい、蓋をしたら火を止めて、このまま余熱で蒸す。

この間に丼にごはん（パックごはんのレンジ加熱）をゆるく盛って。そしたら、アタマはひっくり返さず平行移動して載せる。はい、できあがり。ね、こういうふうに白身と黄身が分かれているのが卵とじの基本です。かけるツユはお好みで多めでも少なめでも。粉山椒をふろう。箸休めには白菜漬。

私は遠慮する。ごはんと白菜漬だけにする。なぜかって、高脂血症でね、卵はコレステロールが多いからダメだ、とお医者に止められてるから。鶏卵もイクラも明太子もウニも、卵関係は全部禁止。

なんで卵はみんなコレステロールが多いのかって？　いい質問だね。

それはね、卵が卵だからだよ。卵は、受精すると細胞一個が二個、二個が四個と分裂して数を増やしていく。そのたびに必要なものは何かな。細胞と細胞を区切る細胞膜だよね。コレステロールもリン脂質も細胞膜の材料だ。[▽16] だから、卵にはあらかじめその材料を備蓄してあるわけだ【第3講・解説2：動物の発生】参照。

解説1　分子系統学

現代の進化学研究では、カーキ色の半ズボン姿で腰にハンマーを差し、探検に出ては化石を割り出して、暗い標本室であれこれ想像を働かせる、そういう人たちは多くない。

最新機器を整えた実験室でDNAを抽出し、シーケンサーで塩基配列を分析して、解析結果をコンピュータ上で遺伝子バンクのデータと突き合わせて差を計算する実験家が大部分である。

もちろんDNAは現生の生物からしかとれないから（映画『ジュラシック・パーク』では、琥珀《こはく》に閉じこめられた吸血昆虫からティラノサウルスのDNAを取り出していたが、現実には難しい）、現生生物二種間の類縁の距離を計って、そこから進化史を復元するわけである。こういう現代科学を分子系統学という。

この学問では、DNAが複製されるときに起こす間違い率は一定であるという前提をおく。

『実況・料理生物学』で説明したように、DNAはAとTとGとCという、たった四種類の「核酸塩基」と呼ばれる分子団が、ずららら―っと一列につながった、巨大だけれど単純な分子である。

そのAにはTが、TにはAが、GにはCが、CにはGが対になってコピーがつくられるから、コピーのコピーは元と同じになり、こうして同じ並び順のDNAがず―っと継承される。これが遺伝の本態である。

しかし、ものには間違いがつきもので、一〇〇万回か一〇〇〇万回に一回くらいは対を間違えたり、とばしてしまったりする。そうなると、間違えてしまった新型が、その後ず―っと継承されることになる。これを遺伝子の突然変異という。

かつては、この突然変異が起こるたびに生物の形や性質に変化が出て、それが生存に有利・不利に働いて勝ち組と負け組を生じ、それが進化であるとストレートに考えられていた（自然選択説）。

しかし、現在では、突然変異は多くの場合まったく（あるいはほとんど）影響は現れず、変異が多数蓄積したところではじめて有利・不利の差が出るような変化が現れると考える。これを（分子進化の）中立説といい、国立遺伝学研究所の木村資生《もとお》博士（1924-1994）、太田朋子《おおたともこ》博士（1933-）らが唱えて、現在の通説になっている。

したがって、DNA上の突然変異はコンスタントに起きていても、生物への影響は断続的に現れる[▽17]。DNAの変異がコンスタントに起きているなら、二種の生物のDNAの違いの個数を調べ、それに変異発生率と一世代にかかる年数をかけ算すれば、何万年前にこの二種が分かれたかを推測することができることになる（全遺伝子を比較するのは大変なので、いくつか好都合な遺伝子を比較する）。一〇カ所違っている二種なら、五カ所違っている二種より二倍昔に分かれた、と考えるわけである。

こうやって類縁関係を計算してつくった図6－5のような関係図を分子系統樹という。

その結果、ヒトはサルからではなくリスから進化した（手塚治虫の0《ゼロ》マンはそうらしいが）となったら大変だが、幸い化石や形態の特徴から推測した従来の系統樹とおおむね一致する。逆か。化石系統学の正しさが裏づけられた。ジョルジュ・キュビエ（1769-1832、古生物学の大家）はえらい、というべきだな。

解説2　人類の進化▽18

　解説1に、進化学者といって世の中が思い描くような研究者は少ない、といった。その舌の根も乾かぬうちにこういうのも気が引けるが、DNAが採取できるのは現生の生物からだけなので（クアッガとかドードーとか、ごく最近絶滅したもので剝製や遺骸が残っていれば、ある程度は可能。あるいはマンモスも）、ヒトの進化に関しては、やはり探検家スタイルに頼らざるをえない。

　ヒトは地球上くまなく生息する動物だが、すべて *Homo sapiens* の単一種だからである。肌の色の違いなどはネコの毛並の模様くらいの微小な個体差であって（第2講参照）、亜種の差ですらない。だから、ヒトには系統比較できる他のヒトが現生していない。

　ヒトと分子系統比較ができる一番近い対象は大型類人猿（チンパンジー、ゴリラ、オランウータン）で、それにはすでに定説ができあがっている（図6－5）。

　結果は、化石からの従来説通りチンプが一番近く、ヒトがチンプとの共通祖先から分かれたのは四八七±二三万年前だと推定されている。このころに

いた化石ヒト科動物は *Sahelanthropus tchadensis* だから、S.t.が共通祖先だ
ろうということになる（S.t.は、分かれて直後のヒト側だとする意見もある）。
チンプ側に進んだものも、当時はもちろん現生のチンプではない。その後

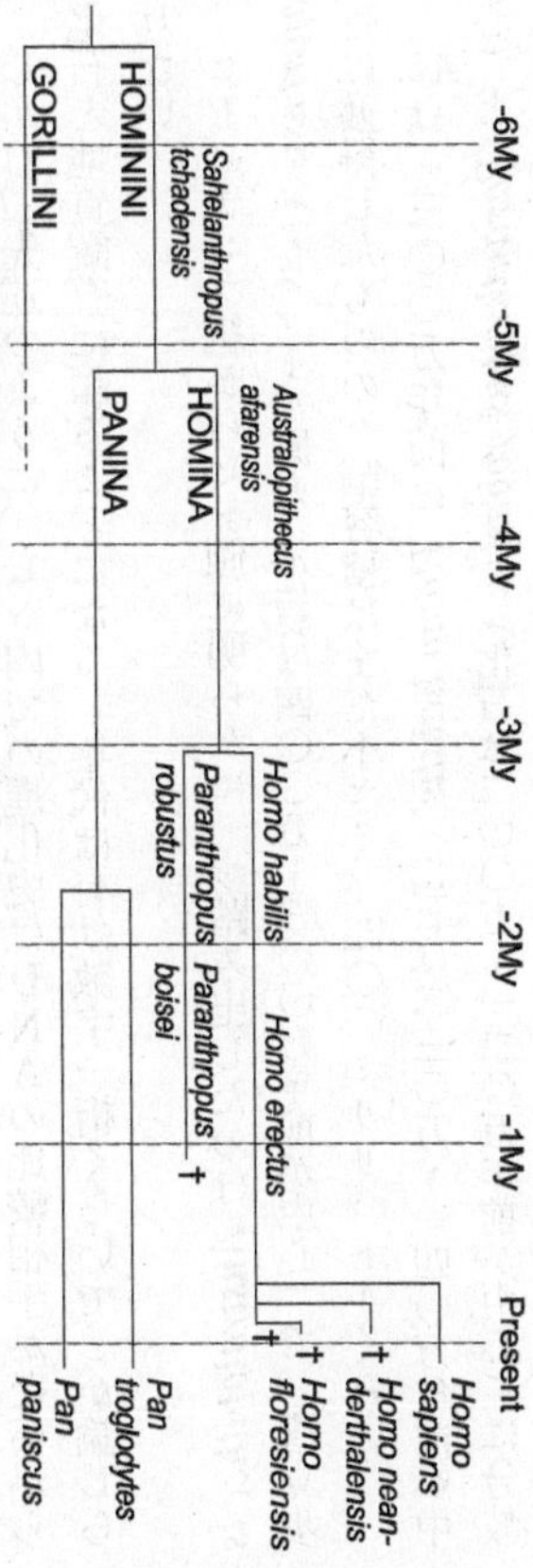

図 6-5　分子系統樹あるいはヒト科動物の進化
時間は左（600 万年前）から右（現在）に流れる。
HOMININI：ヒト族（族はヒト科 HOMINIDAE ヒト亜科 HOMININAE の下位分類）
GORILLINI：ゴリラ族
HOMINA：ヒト亜族（亜族はヒト族の下位分類）
PANINA：チンパンジー亜族

独自に進化して、二三三±一七万年前に現生の二種のチンプ、*Pan troglodytes*（ふつうのチンパンジー）と*Pan paniscus*（ボノボ、旧名ピグミーチンパンジー）を生む。ヒト／チンプ組がゴリラとの共通祖先から分かれたのは六五六±二六万年前、ヒト／チンプ／ゴリラ組がオランウータンとの共通祖先から分かれたのは一三〇〇万年前と推定されている。

しかし、先述のように、ヒト内での進化史はDNAの比較相手がないから、化石と地質調査に頼ることになる。年代は有効数字一桁くらいでしか論じられない。

ヒト／チンプ組からヒト側に明らかに一歩踏み出したのは*Australopithecus afarensis*（アファール原人：化石は四〇〇万〜三〇〇万年前が中心）で、直立歩行は獲得したものの、脳容積はまだ小さく、四〇〇ミリリットルくらい。*A.a.*は、三〇〇万年前に*Homo habilis*（化石は二三〇万〜一四〇万年前が中心）と*Paranthropus robustus*（化石は二〇〇万〜一二〇万年前が中心）に分岐し、前者がさらに現生人類への道をたどる。

後者は*Paranthropus boisei*（化石は一五〇万〜一二〇万年前が中心）への道を進むが、一〇〇万年前までには絶滅する。脳容積は*H.h.*の進化形*Homo erectus*（直立原人：かつてはピテカントロプス〈＝猿人〉と呼ばれていたが、明らかにもうヒトなので改名された。化石は一四〇万年前が中心）でさらに拡大する。

四〇〇ミリリットル脳の*P.r.*や*P.b.*が絶滅したのは、六〇〇ミリリットル脳をもつ*H.h.*や一〇〇〇ミリリットル脳をもつ*H.e.*に滅ぼされた可能性が高い。*H.e.*はすでにアフリカから出て世界に広がっており、地理的に分かれたことによって独自に進化する。ユーラシアに出た*H.e.*は二〇万年前ごろ一六〇〇ミリリットルの脳容積をもつ *Homo neanderthalensis*（ネアンデルタール人）になり、南アジアの島嶼《とうしょ》に出た*H.e.*は一〇万年前ごろ *Homo floresiensis*（フローレス人：まだ頭骨がなく脳容積は不明）になる。

一方、アフリカに残った*H.e.*は二五万年前ごろ一四〇〇ミリリットルの脳容積（*H.n.*より小さい）をもつ *Homo sapiens*（現生人類）になり、二〇万年前ごろから再びアフリカを出て世界に拡散する。したがって、*H.s.*と*H.n.*と*H.f.*は（あるいはまだ残っていた旧型*H.e.*も）共存していたはずであり、直接闘争や間接闘争（限られた資源の奪い合い）が起きて*H.s.*が勝ち残った（*H.n.*は二・四万年前、*H.f.*は*H.s.*がそろそろ歴史時代に入る一・二万年前まで生存していた）。あるいは境界地域で交雑が起こり、*H.s.*に吸収された可能性もある。*H.s.*が*H.n.*に勝てたのは（脳容積からみれば、*H.n.*のほうが賢いはずなのに）、単に*H.n.*より多産だったからだけかもしれない。

化石の比較は、分子系統のように定量的に論じることができないから、化石のどんな特徴を重視するか、脳容積、顎、歯、頭骨と頸椎のつながり方、眼窩上隆起《がんかじょうりゅうき》（目の上のひさし）、腕と脚の長さ比などなどによって、研究者ごとに見解が分かれる。

ここまで紹介したのは、多数派説ではあるが、あくまで一つの説で、今後新たな化石が発見されれば、大変更される可能性もある。

なお、最近*H.n.*の化石ＤＮＡからゲノム解析ができたという報告がなされ[▽19]、それによると、*H.s.*は*H.n.*との共通祖先、つまり*H.e.*から五五万年前に分かれたと算定されている。この数字は化石からの推定よりかなり古い。

解説３　眞島利行と日本初の女子帝大生

黒田チカ（1884-1968）は郷里の佐賀でいったん小学校教員に就いたが、学問への情熱もだしがたく、一九〇二年に上京して女子高等師範学校（現・お茶の水女子大学）に入る。

女高師の大学院修了後、同校の助教授になるが、一九一三年、東北帝国大学理科大学が女子学生を採ると聞くと、敢然と職を捨てて仙台に向かう。そして三名が合格した。黒田、丹下《たんげ》ウメ（1873-1955）、牧田《まきた》らく（1888-1977）である。このとき黒田はすでに二九歳である。

そこで師事したのが眞島だった。眞島が黒田に与えた課題は、日本古来の染料、ムラサキ（紫根《しこん》）の色素の精製である。

ムラサキの色素研究は、それまで多くの研究者が手がけていたが、結晶化しにくく熱にも弱いため、誰も成功していなかった。

黒田は期待に応えてこの難題に成功し、さらに構造決定にも成功して、翌年、日本化学会初の女性研究者による講演を行う。社会も学界も男尊女卑の時代、先例を次々と破るのに、眞島の強力な後援があったのはいうまでもない。

この成功で黒田は一九二一年、オックスフォード大学に留学し、一九二三年八月帰国、女高師に帰る、はずだった。が、まだ荷もほどかぬ黒田を襲ったのは、関東大震災だった。女高師は瓦礫と化した（これで女高師は、校地をお茶の水から現在の大塚に移転する。現在のお茶大が、お茶の水にないのにそう呼ばれるのは、そのオマージュである）。

呆然とする黒田を助けたのは、やはり眞島だった。このとき眞島は理化学研究所主任研究員を兼任していたが、そこに黒田を迎える。

黒田は、再び期待に応え、ベニバナ色素(カーサミン)の精製と構造決定に成功する。この業績で一九二九年、母校東北帝大から理学博士号を受ける。このとき黒田四五歳、日本の女性理学博士第二号である(ちなみに第一号は、石炭研究の保井《やすい》コノ博士で、一九二七年東京帝大より授与された)。

やがて東北帝大時代の同級生、丹下も理研に来て(鈴木梅太郎研究室でビタミンBの研究をする)、互いに励まし合う研究生活を送る(なお、牧田は東北帝大で数学を修めた後、洋画家金山平三《かなやまへいぞう》と結婚し、主婦業の傍ら論文を執筆する生活を送る。数学だから可能だったともいえるが、やはりすごい執念である)。

黒田が構造決定した植物色素は、ツユクサ、ナス、シソ、タマネギなどなど数多い。

戦後、新制お茶の水女子大学が発足すると、黒田は初代化学科教授に就く。二〇一三年、黒田の理研での実験ノートを含む遺品が、日本化学会の認定化学遺産第〇一九号として登録され[20]、永久保存されることになった(図6-6)。

その一年後、理研のある女性研究者の実験ノートが世間を騒がせることになるが、黒田のノートはそれとは対照的に、実験記録はかくあるべし、の手本としてふさわしい。墓は郷里佐賀市の大運寺にある。

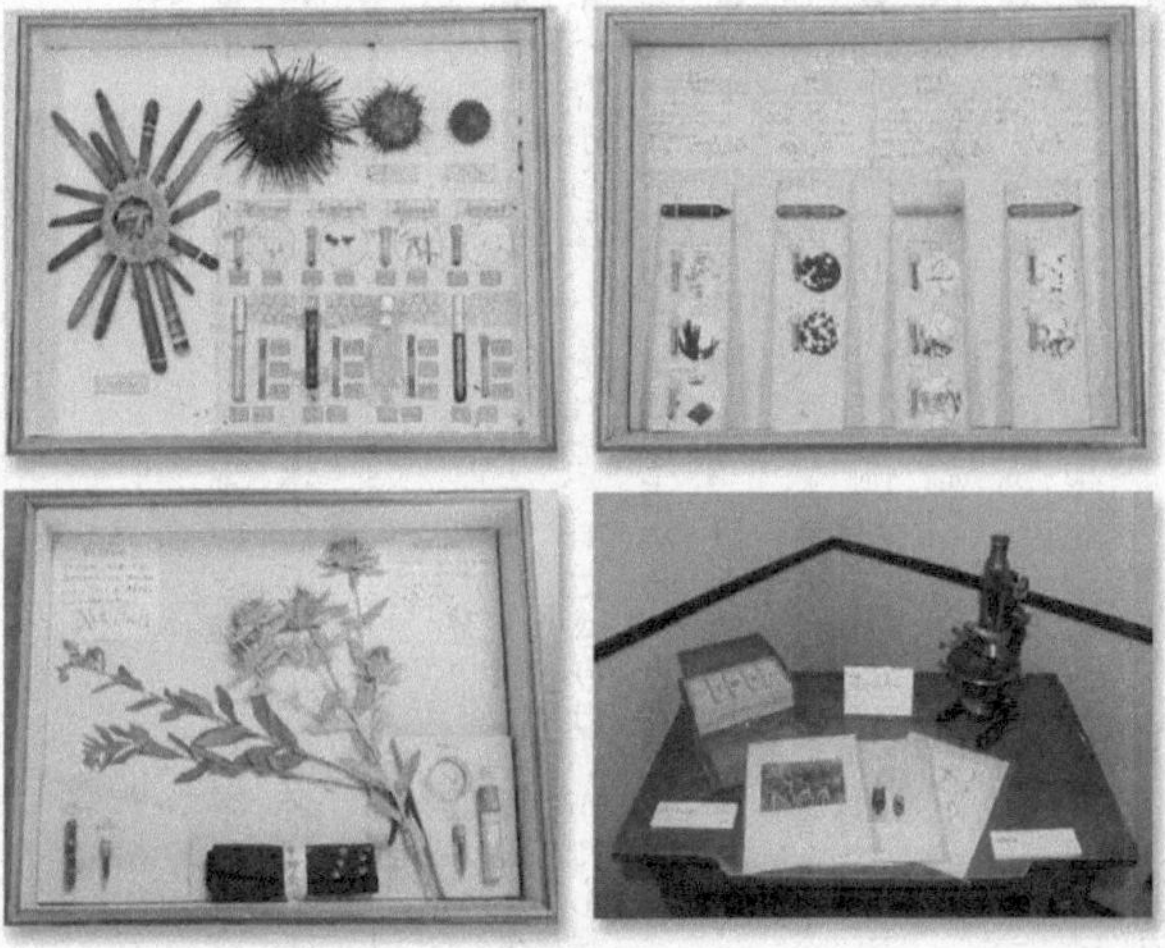

図6-6　黒田チカ博士関連資料
（お茶の水女子大学提供）
なお、右下段は保井コノ博士（日本女性博士第1号、元お茶大教授、本コラム参照）の資料。黒田博士の実験ノートは、日本化学会誌「化学と工業」66巻543頁で見られる（日本化学会ウェブサイトの「化学遺産」からも参照可能）。

注

▼1——生物集団のふるまいを論じる科学。個体のふるまいを論じる「行動学」と混同しないこと。前者は進化学に近縁で、後者は生理学に近い。
▼2——現在の南アメリカ、アフリカ、オーストラリア、南極各大陸とインド亜大陸を合わせた古代大陸。
▼3——おにぎりでしょうという論は、無視する。まったくもっともだが、それでは話がつながらない。それに、おにぎりはいかにも具が少なく、むしろバタートーストかジャムつきパンのニッチを占める、と考えたい。
▼4——二〇一三年一月、日本マクドナルド社は、注文後一分以内に供することができなければ無料とする（無料券を渡す）、と宣言した。
▼5——明治五年一月二四日、明治帝は宮中《きゅうちゅう》に重臣らを招いて夕食会を開き、天武天皇以来一二〇〇年の肉食《にくじき》禁制を解いた。
▼6——そういえば、薬のヒグチは「めざせ四二七店」で始まった。
▼7——この時代、いや今も、愛人をもつこと自体は違法ではない。
▼8——阪大との関係では、一九六三年、学祖緒方洪庵先生没後百年記念映画『洪庵と

1000人の若ものたち』を撮った。主演は南原宏治《なんばらこうじ》と市原悦子《いちはらえつこ》。

▼9――松田は愛妻家だったとみえ、チェーンは開かなかった。吉野家がチェーン展開するのは、むしろマクドナルド以後。

▼10――坂本龍馬と中岡慎太郎が近江屋で見廻組《みまわりぐみ》に襲われたのは、軍鶏《しゃも》鍋の食事中だった。

▼11――明治三六（一九〇三）年大阪『とり菊』発祥説もある。

▼12――京都は烏丸《からすま》御池《おいけ》のそば屋『本家尾張屋』が、卵をほとんど打たずに半凝固の白身が上面を覆うようなあぶ玉丼（油揚と卵）をつくったとき、店から北西に望む山になぞらえた。では、この山がなぜ衣笠か。平安時代、今も変わらず暑い京の夏、閉口した宇多《うだ》天皇が、右大臣菅原道真《すがわらのみちざね》に「涼しくしてくれ」と命じた。道真は御所の西山に大きな白絹をかけて「ほら、雪が降りましたよ」と見せた。だからその山を衣笠山（金閣寺や立命館大学衣笠キャンパス一帯）という。そういうコジャレたことをするから、道真は、キマジメな左大臣藤原時平《ふじわらのときひら》にうっとうしがられて左遷されたのだろう。

▼13――全国には、ソースかつ丼をかつ丼のデフォルトとする地域がちらほらとある。

▼14――本書単行本版刊行時の二〇一五年には営業していたが、二〇一八年七月末、一二年の歴史に幕を引き、閉店してしまった。

▼15――今の日本では子羊《ラム》チョップがこの形で供される。

▼16――箸という漢字は、もともとこのトングをさしていたらしい。

▼17――ナイフ登場以降フォーク登場以前は、肉はナイフに刺して口に運んだ。危ない。

▼18――使徒ペテロはガリラヤ湖のティラピア獲り漁師だったから、英語ではこの魚を「聖ペテロの魚」と呼ぶ。なお、『最後の晩餐』の再現メニューは(もちろんアレンジして)、徳島県鳴門市の大塚国際美術館で食べられる。

▼19――銅と亜鉛の合金である黄銅は、塩水に接すると亜鉛が溶出するので、食器には使えない。

▼20――陶器は一一〇〇度くらい、磁器は一三〇〇度くらいで焼かれ、陶器には長石分が多い土が、磁器には石英分の多い土が使われる。磁器は土を薄く軽く成形し、釉薬を薄く全面に引く。

▼21――なぜ白い食器が愛でられたか。紅茶を飲むためである。牛丼をかっ食らうのに、ウェッジウッドは要らない。錦手《にしきで》の伊万里《いまり》焼(風)などが向く。

▼22――タンパク質を構成するアミノ酸、メチオニン、システインは硫黄を含む。したがって肉料理、卵料理には硫化水素が含まれる。

▼23――ユダヤ人。ペーパークロマトグラフィーを開発し、葉緑素や植物色素の分離・同定を行い、一九一五年ノーベル化学賞を受賞。ミュンヘン大学教授時代、ナチスの台頭を現場で見て抗議辞職し、スイスに亡命した。

▼24――トリカブト毒素のアコニチンは、第4講で話した電位依存性Naチャネルを開放する毒。フグ毒の逆。
▼25――だから生漆《なま》（樹液を濾《こ》した原液）は密閉しておけば固まらない。
▼26――「かしは」とは、炊《かし》き葉、つまりクッキングシートという命名である。

第7講　宴会料理の話

明日から冬休みだね。食っちゃ寝食っちゃ寝で運動しない、勉強もしないと太るぞ。暮れからは花園《ハナゾノ》でラグビーをし、元日には国立《コクリツ》でサッカーをし、二日・三日には箱根《ハコネ》で駅伝を走ってる若者たちもいるのだから、君たちも、丸まってないで外へ出なさい。って、連日忘年会続きのオジサンがいっても効果ないかな（図7－1）。せめて、宴会の多いこの時期、目の前の料理のことを考えてみよう。

クリスマスにはなぜチキンか

クリスマスといえばチキンだ。でもどうしてだろう。イエス様とニワトリはどういう関係にあるんだろう。外国ではどうしてるのかしら。

最初に答えをいってしまうと、そんな習慣は世界にはない。たとえばデンマークでは皮つき豚バラ肉のローストを食べる。クリスマスにチキンを食べるのは日本の習俗だ。

では、どうしてそんな風習が日本に生まれたか。答えは簡単。ケンタッキーフライドチキン▽1（KFC）社が一九七四年から「クリスマスはチキン」とキャンペーンを張ったからだ。でも、それでは答えの半分。KFCはどうしてそんなキャンペーンを始めたか、当時の日本人はどうしてそれを受け入れたか、まで説明しないと、答えたことにならない。
米国には、もともと一一月最終週の感謝祭《サンクスギビング》に七面鳥《ローストターキー》の丸焼きを作り、ツルコケモモ《クランベリー》のソースをかけて食べる習慣があった。▽2 シチメンチョウは体長でニワトリの倍もある。体積なら八倍だ。▼1 つまり、大勢で集まって食べる集会料理である。▼2

図 7-1　日本の典型的クリスマス風景

某大学某研究室前の廊下風景。談話室内ではどんちゃん騒ぎが行われているが、公開を控える。

さて、米国の感謝祭に相当する日本の行事は何か。新嘗祭《にいなめさい》という収穫祭が、たしかに大昔からありはしたが、▼3 これは宮中《きゅうちゅう》行事であって、庶民が祝うお祭りではない。そもそも七面鳥は日本では手に入らない。

しかし、一九七〇年代は高度成長の真っただ中、何かお祭りをしたい気分が、都市の中流市民層に横溢《おういつ》していた。バブルの予感。カーネルおじさんは、その市民の欲求を敏感にかぎとったのだろう。▼4「村の鎮守《ちんじゅ》の秋祭り」向けキャンペーンでも悪くはなかったろうが、綿アメの屋台《やたい》の隣で鶏の唐揚では、オシャレじゃない。やっぱりブティックに寄った帰りにフライドチキンでしょう。日本のオシャレなお祭りといえば、クリスマス。よし、クリスマスにフライドチキンを売ろう。

一九七〇年に名古屋で開業したKFCは、米国都市文化の象徴だったのだ。今は数あるファストフード・チェーンの一つだけれど、当時のKFCはオシャレだった。カーネルおじさんの、米国風祝祭を模写したイメージ戦略はぴたりとはまり、数年とかからずに日本の習俗として定着してしまった。KFC社自身も、なんでこんなに当たったのか、半信半疑だったろう。バブルとはそういうものかもしれない。

もちろん下地はあった。遅くとも一九六〇年代には、都市の中流市民の一部には「アメリカではね、お祭りには七面鳥の丸焼きを食べるんだそうだよ、何のお祭りかって、よく知らないけど、クリスマスかなんかじゃないかな」という生半可《なまはんか》な知識と、「日本では七面鳥が入手しにくいから（または、日本のオーブンは小さいから）鶏で代用しちゃおう」という米国模写の空気があったのだ。

何を隠そう、私の実家では、KFCキャンペーンの一〇年前、一九六四年のクリスマス・イブに、母が鶏の丸焼き《ローストチキン》を焼いた記録がある。商社マンの父が持ちこんだ体験か、ICU（国際基督教大学）の学生だった姉が持ちこんだ知識か、どちらかだろう。いずれにせよ、KFCは『グッド・タイミング』▼5だった。

すると問題は、①なぜ感謝祭に七面鳥か、②日本にクリスマスを祝う習慣がKFC

以前からあったのか、に移る。

まず①。その話は一六二〇年一一月、メイフラワー号が、英国清教徒《ピューリタン》一〇二人を乗せてケープコッド岬に難破同然でたどり着いたときから始まる。[6]

希望を胸に渡った新大陸の自然は、しかし、苛酷だった。ニュー・イングランドの荒地に麦は育たず、冬の訪れは早かった。その風土の暮らし方を知らず、希望はもっても知識をもたぬまま入植した彼らが、なけなしの収穫を祭壇に捧げて神に祈る悲痛な姿は、心優しい先住民たちの同情を誘った。地元ワンパノアグ族の族長は、彼らに助言と励ましの言葉とともに、今日のための七面鳥と、来年のためのトウモロコシを与えた[3]（図7－2）。

感謝祭とは、原義としては救世主たる神への感謝だが、実質は救命者たる先住民たちへの感謝だった。九死に一生を得た入植者とその子孫たちは、それから一九世紀半ばまでの二五〇年、馬とライフルをもって心優しい先住民たちを西に西に追い立て、虐殺し、征服し、力と自由の理想郷「アメリカ合衆国」を建国した。[7]

次に②。日本に宗教行事としての降誕祭《こうたんさい》が持ちこまれたのはザビエルの時代だが、それはキリシタンの秘蹟で、民衆祭事としての降誕祭《クリスマス》が都市住民の間に根づくのは昭和初年代だ。新しいといえば新しいが、古いといえば古い。

大正から昭和一〇年ごろまで、日本は「大正デモクラシー」のプチバブルで、都市

図 7-2　感謝祭の起源

ワンパノアグ族のマサソイト族長が植民者を慰問する。翌年、植民者がお礼に七面鳥を先住民にご馳走した伝説もあるが、怪しい。シチメンチョウは北米原産の鳥で、植民者が 1 年で家畜化できるはずがない。家畜化していたのは先住民のはずだ。

文化が花開いた。私の亡父（大正三年生）の述懐によれば、「よく戦前は暗い時代だったようにいわれるけれど、昭和の初めごろはそんなことは全然なかった。二・二六事件（一九三六年）か盧溝橋事件（一九三七年）あたりまでは、とても豊かな明るい時代だったよ」。

クリスマスも、そうしたハイカラな都市文化の一つで、昭和二（一九二七）年から、一二月二五日が法定の休日になったことが[8]、それをさらに後押しした。これで謎は解けたかな。

さて、ここまで全然生物学じゃなかったので……（ごそごそ）どーん。

はい、パーティ・バーレル。はい、お食べなさい。ただし、条件があります。骨をきれいに残すこと。で、あとで骨を組み立ててニワトリを丸々一羽復元します【解説1：フライドチキン解剖学、解説2：恐竜現存説】。

クリスマスにはなぜケーキか

クリスマスにつきものの、もう一つの食品はクリスマス・ケーキだ。でもイエス様とケーキはどういう関係なのか。ローストチキンがKFCの販売戦略だったのなら、ケーキも店先人形の元祖ペコちゃんの販促か。はい、じつはその通りです。

クリスマスに特別なお菓子を食べる習俗は、フランスのビュッシュ・ド・ノエル[9]、ドイツのシュトレン[10]、サンタの地元フィンランドのヨウルトルット[11]など、世界各地にある。しかし、スポンジ台にクリームを盛るバースデー・ケーキ形式のクリスマス・ケーキは日本独自だ。日本洋菓子界のパイオニア、不二家が大正末〜昭和初期、東京の中流家庭に流行らせたものだという[4]。

不二家は、明治四三（一九一〇）年、藤井林右衛門《りんえもん》（1885-1968）が横浜元町に開いた洋菓子店が起源（藤井洋菓子店だからフジヤ）。スポンジケーキにホイップクリームを塗り、苺をあしらったショートケーキは、彼の発明だという（異説もある）。

大正一二（一九二三）年八月、藤井は銀座に支店を開き、シュークリームやショートケーキを売り始めるが、ひと月もたたぬうちに関東大震災で店は壊滅。しかしバラック建てでいちはやく再開し、評判をとった。評判になったはいいけれど、ショートケーキは傷《いた》みやすいからショートというくらいで[5]、日もちがしない（家庭に冷蔵庫のない時代だ）。看板商品が足りなくても困るし、余っても困る。主な需要はバースデー・ケーキだが、いくら人口の多い東京とはいえ、誕生日客が毎日一定数来るはずもない。そこで藤井は次のように考えた（のだろう、たぶん）。

クリスマスはイエス・キリストの誕生日だときく[12]。そうだ、クリスマスにイエス様のバースデー・ケーキとして売れば、家族の誕生日でなくても売れるんじゃないか。

こうして、日本のクリスマス・ケーキはバースデー・ケーキ型になった。バースデー・ケーキには主役の年齢だけロウソクを立てるが、一九三〇本は立てられないからそれは省略。

前にもふれたが、大正末から昭和初めの日本は平和で豊かな時代《バブリー》、こうした都市の「モダンな」趣味はあっという間に広がる。私の父によれば、クリスマス・イブにケーキを買って家に持ち帰る習俗は、昭和一〇（一九三五）年にはすでに東京のサラリーマン（父本人）の間に定着していた。

マリー・アントワネットは「パンがなければケーキを食べればいいじゃないの」といって民衆の恨みを買ったらしいが、パンとケーキ（スポンジケーキ、カステラ）はだいぶ違う。

パンは酵母が発酵でつくり出す炭酸ガスの泡を、小麦粉自体が含むタンパク質（グルテン）で保持する。しかし、ケーキには酵母もグルテンも登場しない。スポンジケーキの泡は、鶏卵を最初に泡立てたときの空気である。小麦粉には、グルテン含量の少ない薄力粉を使う。その少ないグルテンすらできるだけからみ合わない▼13よう、ほとんどかきまぜず、さっくりまぜ合わせるだけだ。つまり、ケーキでは、粘りは最低限度にとどめたい。モチモチが喜ばれるのはごく最近の話だ。

それでは泡を保持できないじゃないか。いや、それは卵のタンパク質にやってもらう。でも、卵白のアルブミンはほぼ球状のタンパク質で、からみ合いは少ない。卵黄のビテリンも、油脂（バター）の均一分散が主な役割で、泡の保持には役立たない。だからこそ、ケーキ初心者は失敗してしぼんだスポンジケーキをつくってしまう。「失敗しないスポンジケーキのつくり方」を生物学的に解説するなら、卵をできるだけ固く泡立てる（アルブミンを空気に触れさせて界面変性させる）ことと、オーブンを十分に予熱しておく（余計な時間をかけて泡《バブル》をつぶさないうちに、アルブミンを一気に熱変性させるため）ことだ。[14]

年越しそばとおせち

クリスマスが終わるとお正月。おっと、その前に大晦日《おおみそか》の国民行事、紅白歌合戦。その時に食べるのが年越しそば。

というのは逆で、年越しそばは一九五一年開始の紅白よりはるか前、江戸時代からある。商家では、年末にかぎらず毎月末（つまり三十日《みそか》）は決算で忙しく、料理をつくる時間も食べる時間も惜しんだから、ファストフードとしてのそばが重宝がられた。その三十日そばが起源だという。が、江戸中期以降「長く続きますように」[15]とか、逆に「切れやすいので、苦労をもち越さないように」とか後づけの理由がついて、商家以外にも広まった。

一夜明けてお正月のおせち料理。そもそも「おせち」って何だ。

「おせち」とは、節供《せちく》（節句の祝膳《いわいぜん》）の女房言葉。[16]節句は、一月七日（人日《じんじつ》の節句）、三月三日（上巳《じょうし》の節句）、五月五日（端午《たんご》の節句）、七月七日（七夕《しちせき》の節句）、九月九日（重陽《ちょうよう》の節句）の年五回あるので、それぞれ特有の「おせち」があるわけだけれど、[17]今は「人日の節句」向けの節供だけが残って、おせちといえば、これをさすことになった。だから、正月三が日に食べ切っちゃったら本当はいけないんだろうね。というわけで、寒い季節とはいえ保存が利くよう、いずれも濃い味がつけてある。

とくに人日の節句の節供が豪華になったのは、新年の歳神《としがみ》様への豊年祈願祭と重なり、直会《なおらい》[18]として年始客とともに食べる「パーティ料理」になったからだ。ほとんどが食事というより酒の肴《さかな》であるのも、お神酒《みき》とセットのお神饌《みけ》だから、なりゆき上当然だ。全国各地域ごとに内容の詳細は異なるが、主なキャラは共通である。それらを見ていこう（図7−3）。

「黒豆」は大豆《ダイズ》だね。[19]

ビールの枝豆や、節分で鬼に投げつける煎豆《いりまめ》と同じ。大豆のうち、種皮にアントシアニンをとくに多くもつ品種を黒豆という。

黒豆の皮を破らず軟らかく煮るのは、かつては主婦の腕の見せどころだった。各家

図 7-3　おせちの変異の一例

椀は、かきぞめ（かきの紅白染め淡雪蒸し入りの雑煮）。盆上は、たこあげ（タコの唐揚）、はねつき（鶏粕漬にバドミントンのシャトルから抜いた羽根をつけた）、こままわし（豚小間切を輪形に回して卵でとじた）、うめでとう（梅肉で塔をつくった）。ただし、この例には地域的な広がりはない。

庭では母から娘へ、姑《しゅうとめ》から嫁へ、家伝の秘法が伝えられていた。しかし、一九七一年、NHK『きょうの料理』の名講師、土《ど》井勝《いまさる》氏が、誰でも成功する簡便な方法を公開してしまった。[20][6] それ以降、家庭における姑の権威は衰えた。

なお、関東では、黒豆に草石蚕《チョロギ》の酢漬を必ず載せるが（図7-4）、大阪にはその習慣がない。チョロギはスーパーにもデパートにも売っていない。売り子にきいても、何のことか通じない。[21]

「金団《きんとん》」は、サツマイモのマッシュポテトだ。[22] 砂糖を思いきりたくさん入れてテリを出す。カロリーを控えたいからといって砂糖を減らすと、艶のないマズそうなものになってしまう。カロリーを気にするなら、砂糖を減らすより食べる量を減らせばよい。

サツマイモはそれ自体黄色いが、もっと黄色くしたいから、クチナシの実を入れて煮る。クチナシの色素クロシンは、パエリャを黄色く色づけるサフラン（つまりクロッカスのめしべ）の色素と同じ物質だ。だけどサフランはめちゃくちゃ高いので、本家スペイン料理店のパエリャでも、クチナシかウコン（ターメリック）で代用してしまうことも多い。ただ、色は同じでも、香りが違うのでバレる。そういうときは「クチナシの実は、健肝の生薬だからこれでいいんだ」と開き直ろう。クチナシの生薬名を山梔子《さんしし》という。

「蒲鉾《かまぼこ》」は、細竹に魚のすり身をつけて焼くか蒸すかしたもの。「ガマの穂」の形をしているから蒲鉾という。

なに？ ガマの穂を知らない？ 阪大内の池のほとりにいっぱい生えてるよ。大黒《だいこく》様のお話、知ってるでしょ。アホなウサギがワニ（サメ）をおちょくって、ワニにリ

図7-4　黒豆

土井法の要点は、干豆を生豆と等張の調味液で戻すこと。低張では膨らみすぎて皮が破れ、高張では豆が戻らない。注20の調味液に一昼夜漬ける（加熱して分子運動を高めておく）。豆の量が多かろうと少なかろうと、この濃度は変えない。その後、弱火で煮る（煮詰まって高張になったら差し水して濃度を保つ）。配膳時にチョロギをあしらう。ただし、上の写真は不適切な例（東京の長女からチョロギが大量に届いたため。適正な黒豆：チョロギ比は約20：1）。

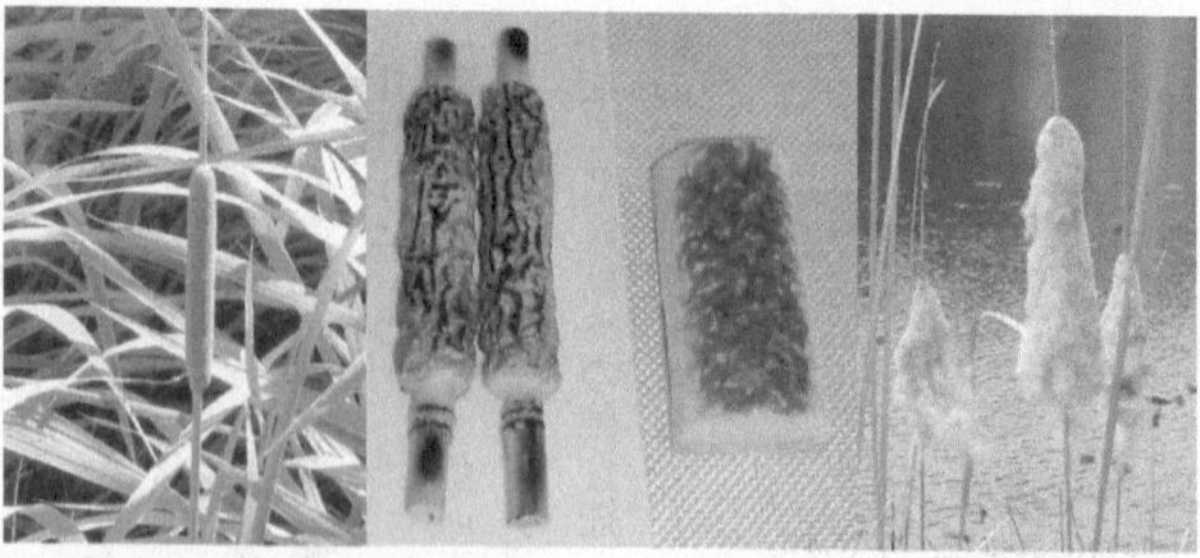

図 7-5　ガマの穂と蒲鉾

左：阪大キャンパス内のガマの穂（植物学的にはヒメガマ）（大阪大学出版会・栗原佐智子氏提供）

中：竹輪蒲鉾と板蒲鉾。ちなみにウナギを開かず、丸のまま縦に串に刺して焼いたワイルドな料理を、蒲《がま》の穂に見立てて蒲焼《がまやき》と呼んだ。やがてウナギは開かれ、名も蒲焼《かばやき》に変わった。

右：ガマの穂綿。

ベンジされて泣いていると、ガマの穂綿にくるまりなさい、とアドバイスした。知ってるでしょ？ その話は知ってるけど、ガマの穂は知らない？ じゃ、どんなふうに思ってたのさ？ ガマのあぶら？「サテお立会い」の？ たしかにね、塗り薬は皮膚の炎症を鎮めるものね。でも、違います。ガマの穂は、熟するとぶわわーっと綿毛が飛び出すの。こういう感じね（図7-5）。

　これは蒲鉾じゃなくて竹輪《ちくわ》でしょ、って？ そうだよ、ちくわだよ。ちくわは蒲鉾の一種です、というより蒲鉾の原初型です[23]。

　蒲鉾が魚肉製品であることは自明なのに、それを知らないお嬢様のフリをすることを「蒲鉾もお魚《とと》?」娘、略して「カマトト」娘という。ガマを草でなくカエルだと思っている娘を、ただの無知という。

「伊達《だて》巻《まき》」も、魚肉練り製品だ。

白身魚のすり身を鶏卵と合わせて厚焼き卵にし、熱いうちにすだれで巻くと焼き目が渦を描いて美しい。伊達巻のすだれは、巻きずしのすだれと違って竹が三角で太い。だから外周がギザギザになる。ただし、それで何か味が変わるわけではない。

私が研究対象にしている脳の海馬という部分は、記憶の形成に不可欠な脳領域だが、断面が伊達巻に似ている。そこで、わが家では伊達巻をより海馬になぞらえた「海馬巻」をつくる(図7-6)。つくり方は、私の『記憶の細胞生物学』(朝倉書店)を見てください。

「煮〆《にしめ》」とは、煮汁がなくなるまで煮つめる調理法のことで、材料は問わないが、おせちでは野菜類の炊合《たきあ》わせ[▼24]をさす。

蓮根《れんこん》、筍《たけのこ》、牛蒡《ごぼう》、人参《にんじん》、蒟蒻《こんにゃく》、里芋《さといも》、莢豌豆《さやえんどう》、銀杏《ぎんなん》、椎茸《しいたけ》あたりが主要アイテムだ。煮しめるのは、食材の外を浸透圧的に高張にして細菌の繁殖を防ぐ保存が主目的だから、水気の多い大根や葉物を入れて低張[▼25]にしてはいけない。大根には人参と一緒に「紅白なます」になってもらおう。なますは酸で細菌の繁殖を防ぎ、保存を図るわけだね。

「数の子」はニシンの卵の塩漬。

卵ぎっしりだから、子だくさんを願う縁起物。子孫繁栄、ってことだけど、別に海の中でニシンがとくに繁栄してるわけじゃないよね。あれだけ産んでも、オトナまで育つのは、確率上はオスメス一匹ずつだけだ。だって、もしそうでなければ、ニシンは増え続けるか絶滅するか、どっちかのはずだもの。ニシンだけじゃなく、タラとタ

図 7-6a　筆者家のオーソドックスおせち

右下、海老鬼殻焼の隣が「海馬巻」。

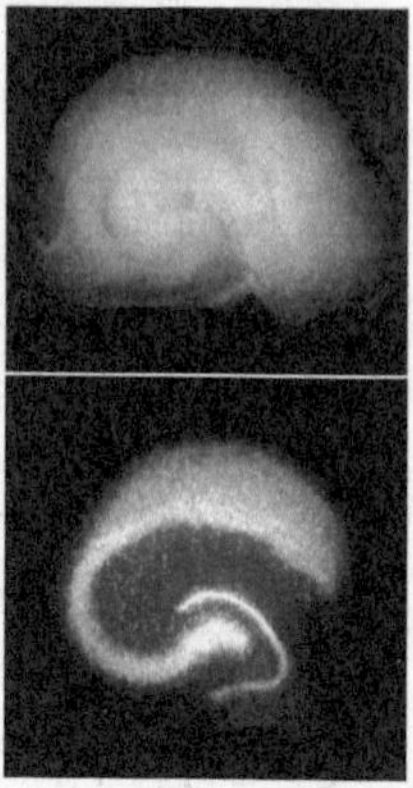

図 7-6b　海馬の断面

上：実験に使う生きた状態。
下：上の切片を染色して渦巻型に並ぶ神経細胞を強調したもの。

ラコだって、サケとスジコ（イクラ）だって、シシャモだってウニだって同じこと。あれだけたくさん産まないと、種として生き残れない。そう思うと「子孫繁栄」とはまた違った印象になるね。

「鬼殻焼《おにがらやき》」は、頭つきの海老《えび》を殻ごと焼いたもの。

その紅白の縞模様がめでたさを増幅する。だけどエビやカニは、海の中ではめでたい紅白の姿になんかなっていない。目立って困るし、エビの人生、そんなにめでたいことばかりじゃないし。この赤は、第2講でもふれたようにカロテノイドで、タンパク質と結びついて青灰色に見える。しかし、茹でたり焼いたりしてタンパク質を変性させるとカロテノイドが遊離して赤くなる。復習してください。

では、ここで冬休みの宿題。

「エビはなぜ赤色素をもち、かつそれを隠しているのか」

優秀作には、次回お年玉をあげます【解説4：エビはなぜ赤いか】。

話を戻して、鬼殻焼はおせちの中で最も食べにくい食品だ。面倒くさいからといって殻ごとかじりつくと、頭の上のとんがったところ（額角《がっかく》）で口の中を刺したりする。あらかじめ頭と殻を取り去って、天ぷらの身のようにしておいたら、食べるには好都合だが、それでは姿を楽しめない。

そうそう、おせちにエビを入れるのは、「腰が曲がるまでの長寿を願う」という由来なわけだけど、最近の買いおせちでは、身をまっすぐ伸ばして詰めてある場合が少なくない。でも、それじゃ本末転倒、縁起がよくない。

ここで先週の宿題。夫婦丼の提案。

どれどれ。シシャモをオスメス並べる。そのまんまだね。

ご飯の上に海苔を敷いて、タラコとシラコの焼いたのを載せる、か。おいしそうだけど、卵巣と精巣並べるって、かなりセクハラじゃないか。

牛丼屋のあいがけカレー？　あいがけって、白ご飯の半分にカレー、半分に牛丼の具を載せたやつでしょ。なんで？　所詮他人で「愛が欠け」ているから？　うわ、ブラックだなあ。

解説1　フライドチキン解剖学

KFCのホームページによると、同社では鶏一羽を九つに分けて調理しているという。一二ピースもあれば、きっと揃うだろう。

キール、リブ、ウィングを食べた人。いわゆるムネ肉で、白い肉（白筋）だ。白いのはミオグロビンが少ないせい。ミオグロビンは血液のヘモグロビンの兄弟格のタンパク質で、酸素の貯蔵役。

ムネ肉はなぜミオグロビンが少ないか？　ムネ肉は空を飛ぶのに翼を打ち下ろす筋肉で、飛び立つとき瞬間的に大きく速く動く必要がある。だけど、いつも使っているわけではない。だからミオグロビンは少なくていい。今のニワトリは飛ばないけれど、それは家畜化したためで、本来は飛んでたはずだから（品種によっては今でも飛べる）、やはりムネ肉は立派な量がある。

サイ、ドラムを食べた人。こちらはいわゆるモモ肉（赤筋）だ。ミオグロビンが多く、コクがある。なぜか。モモ肉は立って姿勢を維持するための筋肉で、常に使っている。速く動かなくてもいいが、疲れては困る。だから酸素保持能力を上げる必要があるわけだ。

さて、右左区別して骨を並べてみよう。解剖図と見比べながら。おお、やったー。全部揃った。復元成功（図7－7）。KFCには山ちゃん（名古屋の唐揚屋）と違って手羽先がないのね。

　脊椎動物の四肢の起源は魚の胸鰭《むなびれ》と腹鰭《はらびれ》。当たり前だが鰭は先に行くほど広い。だから支える骨も先端ほど増えていく。比較解剖学の大家アルフレッド・ローマー▽7によると、脊椎動物が水から陸に上がった最初の肢の骨の構成は、上腕（下肢では大腿）に一本、下腕（下腿）に二本、手根《しゅこん》（足根）に近位三本、中位四本、遠位五本、中手（中足）に五本、そして指（趾《あしゆび》）五本だったという。これを1―2―3―4―5―5と書くと、ニワトリの前肢は1―2―1―0―1―4―3（第四指《くすりゆび》と第五指《こゆび》がない）、後肢は1―1.5―0―0―0―1―4（第五指がない）である。

　1.5とは、ほらここ、スネの部分。腓骨《ひこつ》がヒザから出るまではあるが、カカトに届く前に細くなって消えちゃってる。もうしばらくするとなくなるだろう（しばらくといっても一〇万年くらいはかかるだろうが）。

　ヒトが前肢1―2―3―1―4―5―5、後肢1―2―3―0―4―5―5で、脊椎動物の原型に近いのと比べると、えらい省略じゃないか（ヒトが原始的なのだともいえる）。

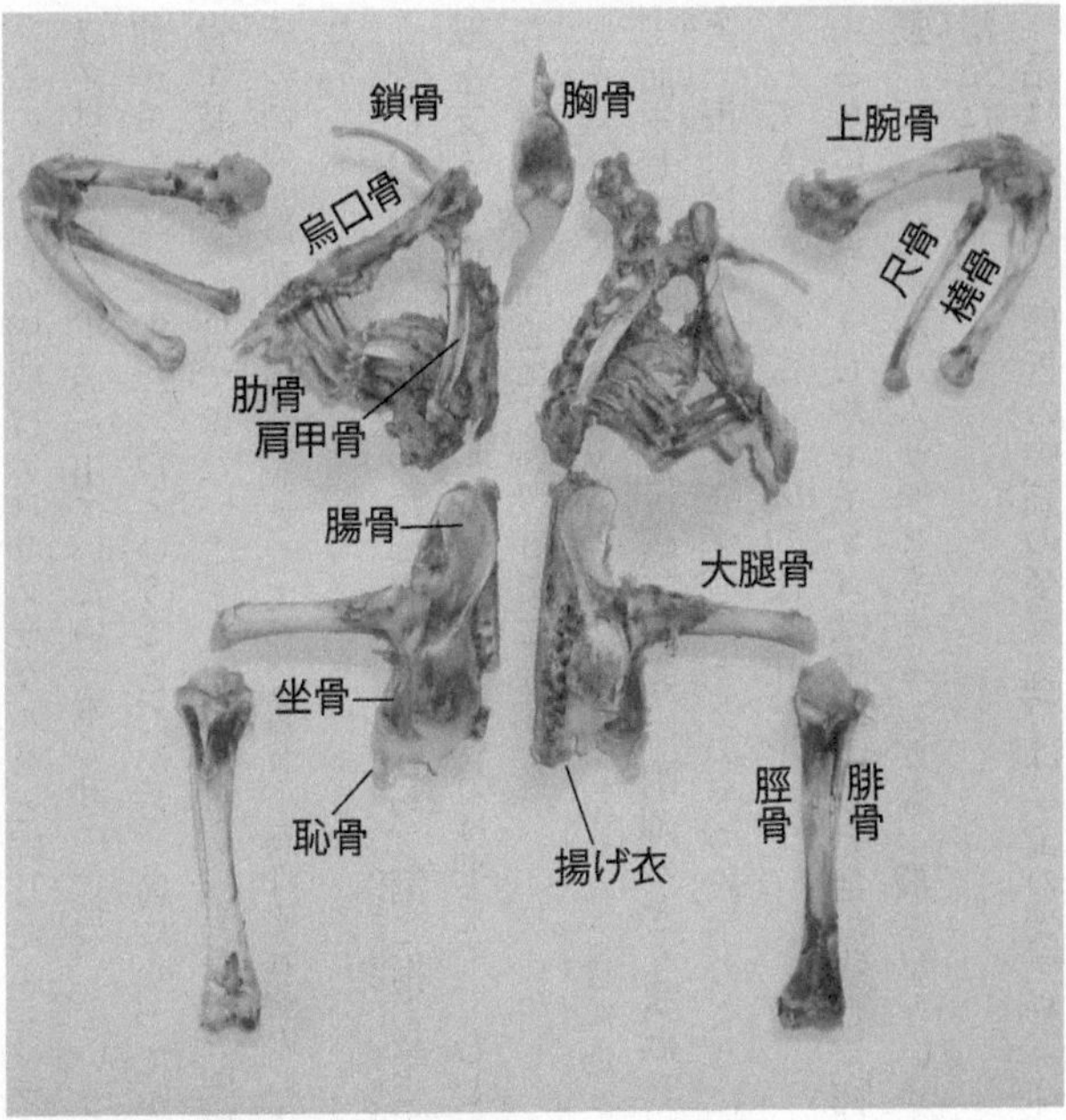

図 7-7　フライドチキンの解剖学

ニワトリを腹側から見ている形で、写真左側がニワトリにとっての右側。

この鳥の骨の構成はティラノサウルスと同じだ（ゴジラは四本指だが、ティラノは鉤爪《かぎ》の二本と表に出ていない一本の計三本指）。ということは、鳥は飛ぶ前からもう三本指だったということだから、鳥になってから軽量化のために骨を減らしたわけではないことになる。こういうのを前適応という（羽毛もその例で、最初は保温装置としてつくられ、鳥はそれをのちに飛翔装置に転用した）。

現在の鳥の翼は、残った三本の指のうち、第二指《ひとさしゆび》と第三指《なかゆび》を揃えた形で前縁を支えている（図7－8）。翼の大部分は羽毛で、むしってしまうとミはない。制御の届きにくい設計だ。

そこへいくとコウモリは、哺乳類が誕生したときにあった五本の指をすべて活用して、各指の間に皮膜を張り、制御のきく翼にしている。さらに、第一指《おやゆび》だけは翼に参加させず、フック船長の義手のように鉤として残し、手としても使っている。合理的な設計だ。

さらに、ムササビやモモンガは手は手で完全に残し、腕と脚の間に皮膜を張っている。まあ、ムササビもモモンガも「飛ぶ」といっても飛翔《フライ》ではなく滑空《グライド》だが。

話はとぶが、最近の中高の卒業式では『蛍の光』や『仰げば尊し』などは敬遠され、『翼をください（山上路夫作詞・村井邦彦作曲）』が歌われるらしい。

♪いま私の願い事が、かなうならば、翼がほしい、この背中に鳥のように、
白い翼、つけてください

だが、鳥の翼は背中に生えているのではない。上記のように、腕・手・指を犠牲にして翼にしたのだ。中高生諸君、手はもう使わないのか。スマホはどうするつもりだ。羽で扱うのは難しいぞ。悪いことはいわない、ムササビやモモンガのように、手は手として残したまま、木から木へ優雅に滑空する

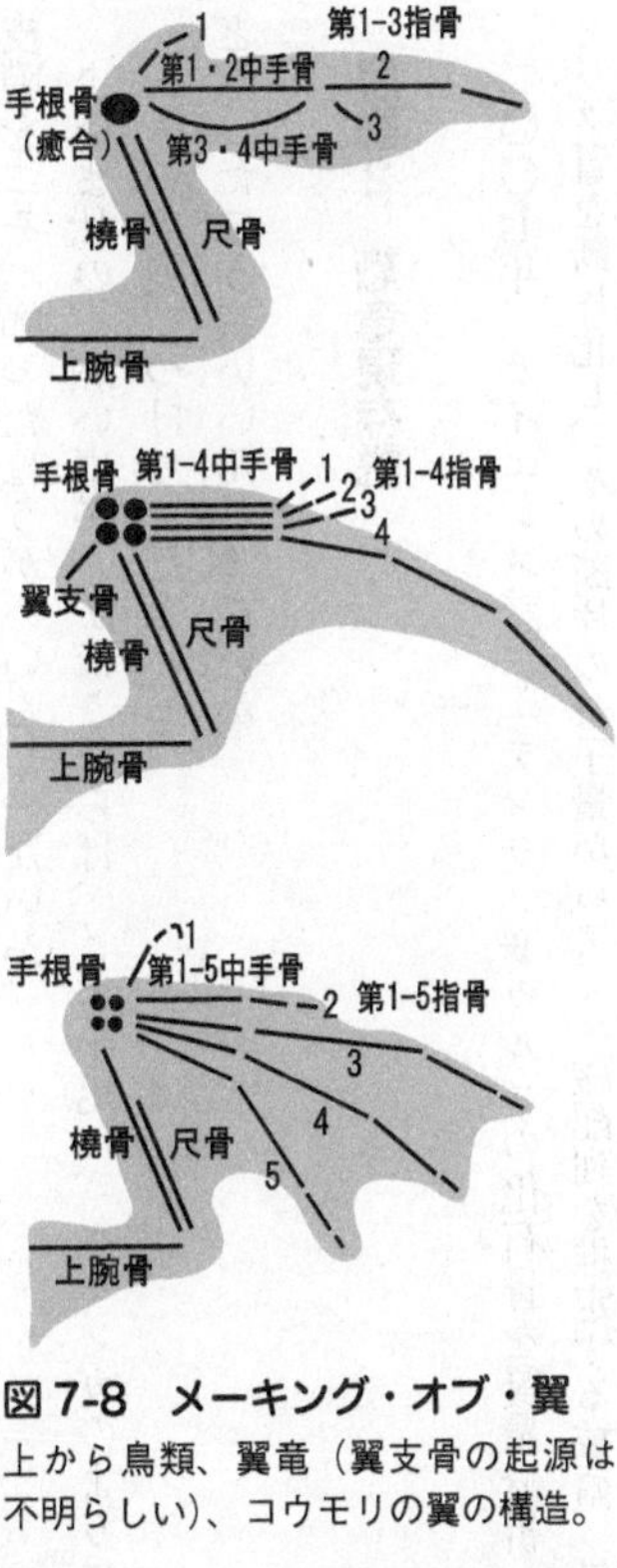

図7-8　メーキング・オブ・翼

上から鳥類、翼竜（翼支骨の起源は不明らしい）、コウモリの翼の構造。

皮膜をこそ、願ったほうがいいんじゃないか。

♪いま私の、願い事が、かなうならば、この手足に、モモンガのように、
広い皮膜、つけてください

と歌ったほうがいいんじゃないか。

解説2　恐竜現存説

二〇〇七年、サイエンス誌に「ティラノサウルスの化石骨を質量分析（タンパク質を断片化し、その断片の分子量からアミノ酸配列を推定する技術、島津製作所の田中耕一氏が二〇〇二年にノーベル化学賞を受けた技術）した結果、現生の動物で一番近いのはニワトリだった」という論文が発表された。[▽8] 恐竜は鳥になって生き残っているという説が証拠づけられたことになる。

ただし、化石からタンパク質を解析できたからといって、新聞の見出しのように「ジュラシック・パークの実現も間近」というわけではない。ティラノのゲノム（全遺伝子セット）が解明されたわけではないからだ。誤解なきよう。

もちろんそれまでに、他の多くの恐竜の骨格特徴や化石周囲の羽毛痕など

から、「鳥＝恐竜」という説は有力だったが、この論文でこの説は確定した。ティラノ自身にも羽毛があったという説もある。体が大きければそれだけで保温性が高まり、羽毛は不要になるが、幼体には有用だったろう（ティラノの皮膚は羽をむしったあとのトリハダだった！）。

つまり羽毛は、本来飛翔のための装置ではなく、哺乳類の毛と同様、保温のための装置で、恐竜のうち羽毛を備えたものだけが、六五〇〇万年前の大隕石衝突後の寒冷気候を生き延びることができた。それが鳥の先祖で、その後羽毛が軽量で面積稼ぎに好都合なことから、飛翔用に転用された、と推論できる。いいかえると、ニワトリやダチョウが今飛ばないのは、別に太りすぎで飛べなくなった怠惰な奴、というわけではなく、羽毛の本来の使用法（飛ぶより保温）を守っている律義な奴、ということになる。

飛ぶ爬虫類として翼竜があるが、翼竜と恐竜は別のグループで（目《もく》レベルで異なる）、翼竜が鳥になったわけではない。翼竜の手には四本の指があり、そのうち第四指が長くのびて体側との間に皮膜を張っている。三本の手指のうち第二・三指で翼をつくった鳥とはデザインが違う（図7-8）。

化石には、皮膚や筋肉や眼球などの軟組織は残らない。だから恐竜図鑑での体表の模様や色は、画家が適当に想像したもの。昔の図鑑では、全身グレーかダークブラウンの地味な奴ばかりだった。現生の爬虫類、ワニやヘビ・トカゲからの類推だろう。ところが「恐竜は鳥だ」とわかってからは、現生の鳥類の華美さに触発されてか、画家は大胆にカラフルな縞模様や、極彩色をつけるようになった。しかし、本当のところはわからない。羽毛が体温保持装置だったとすれば、やはり黒か濃褐色だった可能性が高い▼26。

歩き方やスピードは、足跡の化石からある程度わかるが▼27、わからないのは鳴き声だ。しかし、映画にするには、どうしても声がほしい。ゴジラの咆哮は、現生のワニの鳴き声を参考にして合成したらしいが、実はティラノサウルスはホーホケキョと、化石ワニ【解説3：マチカネワニ】はアホーと鳴いていたかもしれない。ウグイスやカラスの骨をいくら調べても鳴き声はわからないのだから、何でもありうる。

鳥と哺乳類は免疫機能が発達していて、抗体をつくらせることができる。私も抗体採取用にニワトリを飼っていたことがある。そのニワトリに抗原を注射したり採血したりする作業は、こちらも負傷覚悟の荒仕事だった。奴らはきわめて機敏かつ攻撃的である。目が合うと口をくわっと開いて私を威嚇し、剽悍《ひょうかん》というより獰悪《どうあく》ですらあった。こいつらは恐竜だ、ということを実感した。

解説3　マチカネワニ▽9

一九六四年五月三日（祝）、豊中市待兼山町の大阪大学豊中キャンパス、理学部棟の建設工事の際、見学に来ていた地元の高校生人見《ひとみ》功《いさお》君と大原《おおはら》憲司《けんじ》君は、肋骨の化石らしいものを見つけた。今なら工事区域は期間中ずっと立入り禁止だろうが、当時は工事の真っ最中でないかぎり、立入り自由だったのである。

人見君らから「これ何？」と質問を受けた大阪市立自然史博物館の地質学者千地《ちじ》万造《ばんぞう》氏は、爬虫類らしいと見ぬき、すぐさま工事の一時停止を阪大教養部地質学の小畠《おばた》信夫《のぶお》教授に提案した。小畠教授の進言を受けた赤堀《あかぼり》四郎《しろう》総長は、すぐさま工事の中断を命じた。

図7-9　マチカネワニ発掘中の小畠教授

（大阪大学総合学術博物館提供）

四回にわたる発掘（図7-9）で掘り出された化石群を復元すると、大きなワニの全身骨格ができあがった。

おそらく四〇万年ほど前の全長約七メートルのワニで、古事記で夫の山幸《やまさち》彦《ひこ》に産屋《うぶや》を覗かれ、激怒してワニに化身した豊玉姫《とよたまひめ》（神武天皇の祖母）にちなんで *Toyotamaphimeia*《トヨタマヒメイア》 *machikanensis*《マチカネンシス》 と命名された。現生種でいえばアリゲーターやカイマンやクロコダイルよりガビアルに近い種と推定される。ただし性別は不明。複数の骨に折れて治癒した痕があり、鱗にも噛み痕があることから、メスならよほどのお転婆姫ということになり、まあオスと考えるのが妥当だ。ということは、近くにつがいの骨も埋まっていると期待され、理学部の工事のたびに期待がかかるものの、まだ見つかっていない。

図 7-10　ワニ博士

阪大生協豊中店のファンシー売場にて。

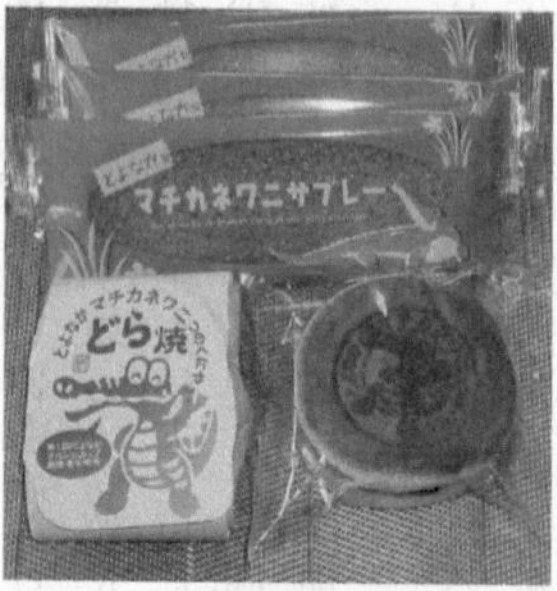

図 7-11　マチカネワニのお菓子

豊中市柴原町の「津の国屋」の名物。

マチカネワニ化石の実物は、現在大阪大学総合学術博物館に展示され、誰でもいつでも見られる。博物館は無料だから見学し、帰りに阪大の公式ゆるキャラ「ワニ博士」フィギュアの購入をすすめたい（図7-10）。このキャラは、二〇一八年度「ゆるキャラグランプリ」において、参加五〇七件中堂々第二七位に輝いた全国区モノだ。マチカネワニは、今や阪大キャラにとどまらず、豊中市のキャラにもなっている（マンホールの蓋にも彫刻されている）。阪大豊中キャンパスの隣、柴原町の和菓子店「津の国屋」の「マチカネワニどら焼」や「マチカネワニサブレー」は豊中みやげのテッパンである（図7-11）。

なお、さほど遠くない吹田《すいた》市佐竹台からは、ほぼ同時代のナウマンゾウの化石が出ている。四〇万年前といえば、ネアンデルタール人段階のヒトもいたはずだが、ヒトの骨は見つかっていない（「明石《あかし》原人《げんじん》」にその可能性があったが、化石は年代未確定のうちに東京大空襲で焼失した）[▽10]。

解説4　エビはなぜ赤いか

レポート中の優秀作を二つ引いておこう。

【医学部A君のレポート】

エビにかぎらず、生物の体色にはいくつもの意義が考えられる。①有害光の吸収による深部組織の保護（日焼けの意義）、②同種間での相互認識や信号授受、③捕食者からの隠蔽（いわゆる保護色）または明示（いわゆる警戒色）などが代表的。体色には色素によるものと表面の物理的構造（モルフォ蝶やカワセミの羽）によるものとがあるが、エビの場合は前者。

色素色では、光吸収分子（発色団という）単独の性質そのままではなく、結合分子（タンパク質など）によって性質が変わることが多い。この仕組みの好都合なことは、発色団が単一でも結合物質の変化で、多くの色をつくれること。生物にとっては、遺伝子に直接規定されていない低分子を変更するには、その合成酵素群から設計し直さなくてはならないのに対し、タンパク質を変えるのは遺伝子を一部変更すればいいだけで、ずっと簡単。

クルマエビの場合、発色団アスタキサンチン単体の最大吸収波長は緑だが（したがって反射光は赤）、クラスタシアニンとの結合によって吸収は赤に移る（したがって反射光は青緑）。つまり、現在のクルマエビは体色に青緑色を採用しているが、今後の進化で他の色を採用する必要が生じたら、結合タンパク質に変異を起こせば、紫にも黄色にも変更可能。

多数種のエビを見渡すと、その体色には赤から青までいろいろある。また、全身一色ではなく、模様をもつものも多い。ゴシキエビというのもいる。これらの各色は、発色団は同一のまま、体の部位ごとに結合タンパク質の発現を変えることで実現しているのだろう。

結局、アスタキサンチンの役割は光を吸収すること、クラスタシアニンの役割は、発色団―タンパク質複合体をつくって吸収波長を変えることである。ただ、発色団に赤色のアスタキサンチンを採用する必要はとくになく、黄色の発色団を採用して結合タンパクで色調調節するのでもよかったはず。

【文学部B嬢のレポート】

海の中にもクリスマスはやってきます。カニの子もサザエの子（タラ？）もタツノオトシゴの子（タツノマゴ？）も、みんなサンタさんを心待ちにしています。ところが、あるウサギ年のクリスマス・イブ、ラップランドから困った報せが届きました。サンタさんが風邪をひいて、「今年は、冬の海の中には入れそうにない、海岸まではプレゼントを届けるので、誰かその先、私の代役をつとめてほしい」というのです。

困ったカニのお父さんやサザエのお母さん（サザエでございまーす）やタツノオトシゴのおじいさん（竜本人）たちが相談しました。「誰が適役かなあ」。カニがいいました「サンタには、長いひげがいるねえ」。サザエがいいました「海の中でひげの立派な方っていうと……」。竜は視線が自分に向いたので、「わっ、面倒だな」と思い、とっさに「ワシは来週、年賀状に出づっぱりで忙しいんじゃ。ここで体調を崩すわけにはいかん。そうじゃ、長いひげといえばエビ。エビが適任じゃ」とカワシました。竜は結構要領がいいのです。

要領の悪いエビのお父さんは、みんなに頼まれて断りきれず、引き受けました。カニ、サザエ、竜は、ひげは立派でも体は青黒くて地味なエビを見ながら「やっぱりサンタは赤い衣装じゃなくちゃ、子どもたちが喜ばないねえ」といい、いやがるエビさんの殻の下に赤いアスタキサンチンを入れ墨し、プレゼントのいっぱい入った袋を背負わせました。律儀なエビさんは、その晩無事大役を果たしましたが、その後ずっと赤いままでいるわけにはいきません。まだ幼稚園児のエビの子どもたちに「サンタはうちのお父さんだ」とバレてしまうからです。「サンタが、本当は父親だとわかるのは、小学校高学年になってからでよい」と考えるエビさんは、ふだんのときはその赤い殻をクラスタシアニンで覆うことにしました。エビのサンタさんは評判がよく、その後毎年やることになり（竜は、翌年はもう年賀状に出なくていいはずですから、とくにエビのサンタをほめそやしました）、年々プレゼント袋が重くなっていき、数年後ぎっくり腰になってしまいました。エビの腰が曲がってしまったのはそのときからです。

正解は、「エビが赤いのはクリスマスにサンタ役をやるため」です。

注

▼1——シチメンチョウ（*Meteagris gallopavo*）の、とくにオスは巨大で、体長一メートル、体重一〇キロにも及ぶ。北米原産のキジ科の鳥で（北米の鳥なのにトルコturkeyの名がついたのは英語の誤訳）、飛ばない（飛べないわけではない）ことや雑食性から北中米先住民によって家畜化されていた▽11。ただし、大声で鳴くので日本には向かない。家庭で一度焼くと食べきれず、以後一週間は食卓に出続ける。まずくはないが飽きる。高タンパク低脂肪の優良食品なのに、惜しい。年末以外で味見したければ、サンドイッチのサブウェイに行けばよい。なお、ニワトリ（*Gallus gallus*）もキジ科である。

▼2——したがって、ルーツは感謝祭だが、やがて他の集会、イースターやクリスマス

にも登場するようになった。チャールズ・ディケンズの『クリスマス・キャロル』（一八四三年）で、イブに改心した強欲主人公《スクルージさん》が貧しい書記家《クラチットさん》に贈るクリスマスのご馳走は七面鳥だった。

▼3——新嘗祭は、収穫を天《あま》つ神に感謝する飛鳥時代から現在まで続く宮中祭祀。戦後「勤労感謝の日」と改称され、現在も祝日であり続ける。これにかぎらず、日本の祝日の多くは皇室関連で、「元日」は四方節、「建国記念の日」は紀元節、「春分の日」「秋分の日」は皇霊祭、「天皇誕生日」は天長節、「昭和の日」は昭和の天長節、「文化の日」は明治の天長節である。

▼4——「カーネル」ハーランド・デービッド・サンダース（1890-1980）は、一九七二年、一九七八年、一九八〇年の三回訪日している。カーネルはケンタッキー州から贈られた称号。一九八五年、阪神タイガース優勝時に道頓堀店のサンダース人形が道頓堀川に投げこまれて以降、誘拐防止チェーンがついている（くだんの人形は二四年後に発掘された）。

▼5——一九六〇年代の日本で、はやりにはやったビルボード・ポップス。歌はダニー飯田とパラダイスキング・坂本九。

▼6——実際は、英国人はすでに一六〇七年に入植していた。植民運動を推進した前国王ジェームス一世にちなんでその町をジェームスタウン、その町を含む一帯を現国王で

ある「処女王」エリザベス一世にちなんでヴァージニアと名づけた。メイフラワー号はこの地をめざして出帆したのである。[12]初期入植者中に女性は非常に少数だった。植民の成功に、次世代の育成は最重要課題だ。その結果、米国には女性を（時として過度に）優遇する「女性第一《レイディーズ・ファースト》」の慣習が発生した。本国の英国や欧州には、平等主義こそあれ、優遇主義はない。

▼7――ワンパノアグ族の子孫たちは、今も毎年感謝祭の日に合わせて先住民哀悼の行進を行う。[13]

▼8――昭和二年から二一年まで、一二月二五日は法定の休日だった。それを廃止したのはマッカーサーである。なぜなら、この日の名目が「先帝祭＝大正天皇の命日」だったからだ。[14]しかし、帝国臣民はこの日を先帝祭としてではなく、クリスマス＝ハイカラ年末祭として祝っていた。

▼9――薪《ビュッシュ》の形をしたクリスマス《ノエル》のケーキ。丸のままのロールケーキにココアクリームをたっぷり塗り、フォークでスジをつけてモミの木の樹皮をかたどることが多い。キノコをつけることもある。[15]話は違うが、オオモミタケ、アカモミタケは食用になる。

▼10――レーズンやドライフルーツ、ナッツを練りこんだ菓子パン。雪をかぶった馬小屋に見立て、表面に粉砂糖をまぶすことも多い。[16]降誕祭というより、待降節《アドベント》（降誕祭の四週間前から、毎週日曜日に行うカウントダウン行事）のお菓子。

▼11――一口で食べられる小ぶりのフルーツパイ▽17。

▼12――クリスマスは、神の子イエスの「誕生を祝う日」であって、イエスの誕生日というわけではない。祝うのはいつでもよい。たとえば、ロシア正教では一月七日に祝う▽18。

▼13――パンをこねるのは、小麦粉のタンパク質グルテニンとグリアジン（両者をあわせてグルテン）をからみ合わせて網状にする作業である（『実況・料理生物学』第2講参照）。

▼14――小麦粉をよく篩《ふる》うことで、ダマを避け、かつ、粒子と粒子の間に空気を入れて混和時間の短縮を図るのも重要。ただし、それは「生物学的理由」ではない。

▼15――「長くおそばに」は引っ越しそばの縁起である。しかし、そばが麺線（そば切り）になったのは江戸中期のことで、三十日そばは、麺線になる前、つまり粥状（そばがゆ）、団子状（そばがき）、お好み焼き状（そば焼き＝クレープ）時代から行われていた▽19。

▼16――鬘《かつら》を「か文字」、浴衣《ゆかた》を「ゆ文字」、面会（目通り）を「お目文字」などと呼び替える、宮中女官たちの符牒ないし業界用語。杓子《しやくし》の「しゃ文字」、玩具《もてあそびもの》の「おもちゃ」などは下々にまで広まった。

▼17――上巳の菱餅・雛あられ・白酒、端午の粽《ちまき》・柏餅、七夕の素麺《そうめん》などはその名残り。

▼18――神へ捧げた酒や料理を、儀式の終了後、神からの下げわたし物として参加者一

同で食べる宴会。つまり共同体の共飲共食《きょういんきょうしょく》儀礼。

▼19――「黒豆の生物学」については、二〇一一年一二月二〇日の産経新聞に寄稿したので、記述の過度な重複は避ける。興味のある方は同紙縮刷版を参照されたい。

▼20――要するに生豆と浸透圧的に等張な液に漬けて復元するという発想である。その液とは、砂糖250g＝0.73モル＝0.73オスモル、醤油1/4カップ＝50mL＝NaCl9g＝0.15モル＝0.31オスモル、塩大さじ1/2＝NaCl8g＝0.13モル＝0.26オスモル、重曹小さじ1/2＝$NaHCO_3$1.5g＝0.02モル＝0.04オスモル、水10カップ＝2Lだから、これをモル濃度に換算すると1.33オスモル/2.05L＝0.65オスモル/L。やや高張気味ではある。

▼21――阪急デパートで、「チョロギないですか」と聞いたところ、「チョロギ？　なんですか、それ？」と聞き返され、約一〇分にわたり店員に説明したことがある。店員は「へえ」「ほう」としきりに感心して聞いていたが、一〇分後、一言「置いてまへん」といった。なお、フランスで「…ア・ラ・ジャポネーズ」という料理にはたいていチョロギがつく。▽20

▼22――栗きんとんというから栗のマッシュだ、と勘違いしないこと。栗のマッシュは茶色になり、おいしいけれど見栄えがしない。ただし、岐阜は中津川の伝統菓子に、オール栗製の栗きんとんは実在する。▽21

▼23――蒲鉾が、魚肉を板の上に載せるスタイルになったとき、これを「板蒲鉾」、本

来の竹棒に塗りつけたスタイルを「竹輪蒲鉾」と呼び分けた。やがて前者は呼称の後半が残り、後者は前半が残った。▽22

▼24――それぞれ別に煮たあと寄せたもの。一緒に煮ると、ゴボウのポリフェノール類(主としてクロロゲン酸)が全食材を真っ黒にしてしまう。

▼25――中国の古典、楚辞に「羹《あつもの》に懲りて膾《なます》を吹く」という有名な警句があるが、この膾は、おせちの紅白なますのことではない。なますは本来、イタリア料理のカルパチョのような、肉の酢〆をさす。膾《なます》は獣肉の、鱠《なます》は魚肉の酢〆。▽23 なお、ニンジンの酵素アスコルビナーゼは、ダイコンのビタミンCを分解してしまう。しかし、アスコルビナーゼの活性は酸性下で下がる。紅白なますは合理的だ。

▼26――しかしごく最近、羽毛恐竜アンキオルニスの化石を電子顕微鏡で調べて、細胞内の色素顆粒の有無と形状から、黒白の縞があったらしい、という見解が出された。

▼27――昔の図鑑には、ティラノサウルスが両後肢と尾の三点でカンガルー風に立っている図が多かった。ゴジラもワニのように尾を引きずって歩いていた。が、フィギュアを作って立たせてみるとすぐにわかるが、ティラノの巨大な上半身では、重心が肢と尾の三角形より前に来て、体が前に倒れてしまう(ゴジラは上半身が軽いらしい)。だから今のティラノは、尾は地面から浮かせて後ろに伸ばし、上半身と尾をやじろべえのように均衡させている姿で描かれる。実際、足跡化石に尾を引きずっていた形跡は見られ

ない。

第8講

季節の食品の話

豆まき

お正月もあっという間に過ぎてしまった。さあ、もうすぐ春だ。その前に試験だけど。

暦《こよみ》の上で春が始まるのは立春、二月四日。東洋の暦は複雑で、月の運行による太陰暦（いわゆる旧暦）が基本だが、太陰暦オンリーというわけではなく、太陽暦も併用している。▼1 太陰暦だと、新月（その日から月が始まるから月立《ついたち》という）から新月までの一ヵ月は二九〜三〇日、一年が三五四日だから、▽1 だんだん先に進んでしまう。

お百姓さんが、もし太陰暦にしたがって、たとえば四月一日に種をまくことにしていると、はじめは春だった四月一日が、翌年翌々年とだんだん冬に入っていき、▼2 収穫が落ちてしまう。だから、農事には昔から太陽暦を使っていた。春分《しゅんぶん》から翌年の春分までの一年を二四に分けた「二十四節気《にじゅうしせっき》」というのがそれだ。春分、清明《せいめい》、穀雨《こくう》、という具合に進んで、立春《りっしゅん》、雨水《うすい》、啓蟄《けいちつ》、そして春分に戻る。だから立春は、平安時代も現代も、太陽暦の二月四日である（閏年の関係でときどき一日変わるにしても）。

立春の前日を、節気を分ける日という意味で節分《せつぶん》という。だから立夏・立秋・立冬の前日も節分だが、あんまりいわない。

で、節分には邪鬼《じゃき》を追い払うのに豆をまく。なんで豆なのかはわからない。「魔《ま》滅《めっ》」の語呂合わせだという説もあるが、苦しい。豆は北東に向けてまく。その意味はわかっている。鬼は、鬼門《きもん》といって北東、昔の方位でいえば丑《うし》と寅《とら》の間「艮《うしとら》」の方角からやって来る（図8－1）。京の都からみれば京都国際会議場の方角だ。つまり、鬼はウシトラ方面に住んでいるので、頭に牛の角を生やし、虎柄のパンツをはいている。[▽2] タイガースのファンだからではない。

この鬼打ち豆はダイズだ。日本人がいかにダイズのお世話になっているかは、前講、おせちの話で説明した。ダイズはアジア原産の豆で、日本では縄文時代から栽培して

図8-1　鬼の住む方角

方位名は時刻にも使う。子《ね》は深夜、午《うま》は、正午や午前・午後という言い方が示すように真昼。方位は12分割と同時に8分割も行われ、北東は艮《うしとら》、南東は巽《たつみ》、南西は坤《ひつじさる》、北西は乾《いぬい》。鬼は京《みやこ》の艮に住む。

いたけれど、▼3欧米には醤油の原料として、日本からもちこまれた。そのためダイズは今でも英語で soy bean という。Soy とは日本語の醤油（soy sauce）のことだ【解説1：豆の七変化】。

欧州の豆の代表は、ダイズではなくエンドウだ。ただ pea といえばエンドウをさす【解説2：ピーとナッツ】。エンドウマメというと豌豆豆《まめまめ》になっちゃうので、エンドウッと呼び切ろう。そのグリーンピース、日本にも平安時代に伝わっているが、日本にはダイズがあったのであまり珍重されず、「乃良豆《のらまめ》」などと雑草扱いされてしまった▽3。

今日の主役はこのエンドウなんだけれど、何かいいエンドウ食品はないの、ねえドラえもん。

「しょうがないなあ、じゃあとっておきの、これっ」といいながら、ドラえもんが紙袋から出してきたのは、中村橋『練馬凮月堂《ふうげつどう》』の三色どらやきの一つ、梅入りうぐいす餡のどら焼きだ。▼4地元だから、どこでもドアは使わず、歩いて買って来たらしい。うぐいす餡はエンドウの餡である。

修道士メンデルの野望▽4

さて、エンドウといえばメンデル。

オーストリア東部の町ブリュン（現・チェコ領ブルノ）の修道士、グレゴール・ヨハン・メンデル（1822-1884）は、もともと科学が得意だったが、得意なのは数学や物理学だった。修道院は学校だから、神学だけでなく哲学や自然科学も教える。一八五〇年、メンデルは教員資格試験を受けたが、生物学と地質学が最悪で、不合格になってしまった。しかし、数学・物理学は優秀だったので、院長は彼を翌年からオーストリア帝国の首都、花のウィーン大学に派遣し、物理学を学ばせた。彼がついた先生は、ドップラー効果で有名な、かのクリスチャン・ドップラー教授（1803-1853）だ。

しかし、先生が急死してしまい、悄然《しょうぜん》帰国したメンデルは、修道院の「いきものがかり」を命じられる。さぞやガックリきたことだろうが、「それなら生物現象に数学・物理学を適用してやろうじゃないの」とファイトを燃やした。

修道院で育てている生き物の一つが、エンドウだ。もちろん栽培して食べるためである。生活に欠かせない作物だから、当時から多くの品種がつくられており、それらを交配してさらによい品種をつくることは、いきものがかりの大事な仕事の一つで、これを物理学的に理論化してやろう、というわけだ。

エンドウは「自家受粉」といって、自分の花粉をめしべにつけて実らせることもできるし、「他家受粉」といって他の花の花粉をつけて雑種をつくることもできる。これが成功への第一のカギ。

メンデル君は、農協、じゃなかった種屋から仕入れた多くの品種から、七つの安定した形質《フェノタイプ》を選んだ。今でいう純系《ホモ》(homozygous strain)の選定だね。形質とは、乾燥後の豆が丸いか皺《しわ》か、豆の色が黄色か緑か、花の色が赤か白か、といった「形や性質」のことをいう。この「純系の選び出し」が成功への第二のカギ。

このように、純系作出はメンデル君がやったわけではない。メンデル君がやったのは、種屋が持ちこんだ三四系統から、たしかに形質の安定している七系統をまる二年かけて確認・選抜したことだ。丸か皺か、黄色か緑かと、はっきりしていて中間がない形質を選んだことも重要な第三のカギ。

豆の形質を選んだのには合理的な理由がある。豆、つまりマメの種子は、その大部分を子葉、つまり幼植物が占める。つまり、雑種の形質がすぐその豆に表れる。そのうえ統計をとるのに重要な「例数」を容易に稼げる。これは実験手法上とても重要な点で、草丈とか花をどこにつけるかとかは、その豆をまいて育てて翌年にならないと表れないし、▼6 一株一例だから例数を稼げないのだ。これが第四のカギ。

メンデル君も花の色とか莢《さや》の色とか、次世代に表れる形質も使ってはいるけど、最も重宝に使っていたのは、そういうわけで豆の形質なのね。

三年目から本格実験が始まった。丸豆の株と皺豆の株を交配すると、その種子(雑種第一代）は必ず丸豆になった。黄豆の株と緑豆の株を交配すると、その種子は必ず黄豆になった。これが法則その一、優性の法則。

次に、この雑種第一代の丸豆株を自家受粉させたところ、その種子（雑種第二代）には丸豆と皺豆がまじって表れ、その比は3：1だった。黄豆と緑豆の雑種第一代の黄豆株を自家受粉させた雑種第二代も、黄豆と緑豆が3：1の割合で生じた。法則その二、分離の法則。

ここがすごい。これは確率だから、ぴったり3：1にはならない。実際は丸：皺は5474：1850、黄：緑は6022：2001になった。[▼7]これをエイヤッと3：1だっ、と見なしたところがすごい。個別事象が大好きないきものがかりには、とても見抜けなかったんじゃないか。むしろ生き物自体にはさほど愛着がなかったからこそ、概算ができたのではないだろうか。

さらに大事なアイデアがある。雑種第一代で見えなくなってしまった皺豆も緑豆も、第二代になると再び現れる以上、なくなってしまったのではなく隠れているだけで、何か粒のようなものとして受け継がれているのだろう、と想定したのだ。まだ「遺伝子」などという概念がかけらもない時代に、今日の遺伝子に当たる概念を思いついたのだ。彼はこれを素子《エレメント》と呼んだ。

さらに、丸豆と皺豆、黄豆と緑豆のような形質は互いに干渉しないことを見抜いた。

たとえば、「丸で黄豆」の株と「皺で緑豆」の株を交配すると、雑種第一代はすべて「丸で黄豆」になったが、それを自家受粉してえられる雑種第二代は、丸黄豆：皺黄豆：丸緑豆：皺緑豆が315：101：108：34に分離した。つまり9：3：3：1である。最初にはなかった組み合わせ「皺で黄」「丸で緑」が現れた。形質はそれぞれ独立にふるまったのである。これが法則その三、独立の法則【解説3：メンデルの法則】。

メンデルの挫折

こうしてメンデルの野心、「生物現象を物理学で説明する」は成功した、かに見えた。彼はこの成果を一八六五年、地方の科学サロンで発表し、翌年報告書にして、尊敬する植物学の権威カール・ネーゲリ（1817-1891）に送った。しかしネーゲリ先生は拒否した。理由は、メンデルのドライな数学的理論と定量性に、生き物大好きネーゲリが反発したか、理解できなかったかのどちらかだろう。ネーゲリは、彼が好んで使う実験植物コウゾリナ[8]で追試できたら認めてやる、といったらしい（図8-2）。しかし、それは無理な注文だ。純系を選び出すのに何年かかるか、交配して結果を出すのにまた何年かかるかわからない。[9]

なお、この種の無理無体な追加実験要求＝事実上のボツは、今でも権威誌に論文を投稿すると、しばしば来る。私も幾度となく体験した。そのたびに「メンデルだってそうだった」と自らを慰めたものだ。

メンデルは一八六八（明治元）年ブリュンの修道院長に任じられ、雑用に（おっと訂正、信仰に関する大事な仕事に）多忙になって、エンドウ栽培の現場を離れた。彼の報告が再発見・再認識されたのは一九〇〇年、メンデルが没した一六年後のことだ。ただ、院長になっても研究は大好きで、太陽の黒点と異常気象の関連などを研究して、晩年は気象学者として有名だったという。これも最初の教員資格試験で赤点をつけられた地質学へのリベンジだったのかもしれない。

図8-2　コウゾリナ
（大阪大学出版会・栗原佐智子氏提供）
背の高いタンポポのような雑草。葉にも茎にも剛毛が密生している▽[5]。

遺伝子連鎖と血液型性格判断の「根拠」

血液型性格判断というのが、ギャルの間で流行ったことがある。過去形でなく、今も流行っている。A型の人は几帳面《きちょうめん》だけど自信家だとか、O型の人はおっとりして誰とでも仲良くなれるだとか。占星術《せんせいじゅつ》、そうよ私はサソリ座の女、サソリの毒はあとで効くのよ、とかと同じ一種の占いで、本気にする人は少なかろうが、生物学に詳しいギャルなら、次のような理屈をつけるかもしれない▼10。

独立の法則は「別の染色体の上にある遺伝子は独立にふるまう」ということでしょ。逆にいえば、同じ染色体の上にある遺伝子は一緒に挙動するわけ。これを「連鎖《れんさ》」っていうのよ。

血液型というのはね、赤血球表面の糖鎖のタイプのことで、A型を生み出す酵素の遺伝子は、第八番だか第九番だかの染色体の上にあるの。それから、几帳面な性格を決める遺伝子も同じ染色体の上にあるらしいの。だから、二つの遺伝子は連鎖して、A型の人は几帳面になるのね。

もしもこれが真実なら、軍隊の編制をA型何割・B型何割で混ぜたら最強だとか、部隊をまとめる小隊長にはO型が適任とかいうことになる。これは軍制上重大なことなので、世界各国で血液型と性格の関連について、大々的な軍事研究が行われたらしい。らしい、というのは、軍事研究は公表されないからわからない▼11。しかし、いずれも完全に否定的だった。その証拠に、世界中どこの国の軍隊も、血液型による部隊編制などしていない。

血液型遺伝子の正しい説明は注▼12にゆずる。

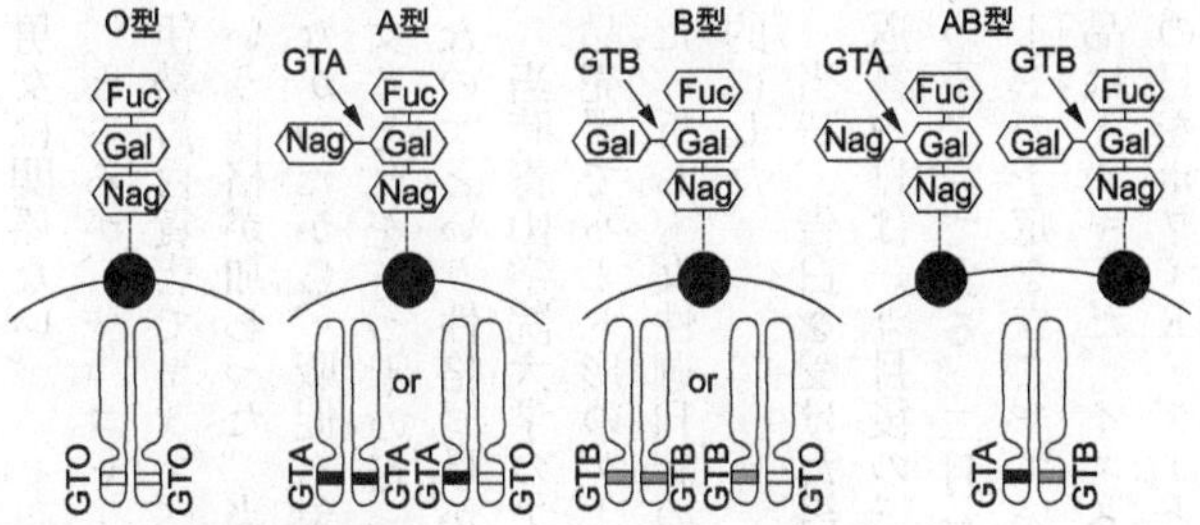

図 8-3　血液型の原理
赤血球表面の糖タンパク質の末端部分。黒丸はタンパク質、六角形は糖。

バレンタイン・デーとホワイト・デー▽6

節分商戦（恵《え》方巻《ほうまき》とか）が終わると、バレンタイン商戦に入る。

バレンタイン・チョコも、前講の不二家のクリスマス・ケーキと同様、菓子メーカーの販促作戦だ。一九三六（昭和一一）年二月一二日、神戸のモロゾフ製菓が英字紙に“For Your VALENTINE Make A Present of Morozoff's FANCY BOX CHOCOLATE”という広告を出した。これが最初の最初だが、神戸居留の外国人向けだ。また、女性向けというわけでもない。

そもそも聖ヴァレンティヌス（?-269）は、ローマ軍に従軍する若者に、禁じられていた結婚式を執り行ったことで「恋人たちの守護者」とされたのだから、男女は関係ない▼13。欧米のバレンタイン・デーも、男女は関係ない。

ところが、チョコレートのメリーが、一九五八年二月一二〜一四日の三日間、新宿伊勢丹百貨店でキャンペーンを張った。このとき、女性から男性に愛を告白する日という性格が加わった。当時、日本の男は、せんべいは買ってもチョコレートなど買わなかったから、販促対象外だったのだ。また、日本の文化では、告白は男が女にし、女はそれを待つものだったからこそ、「この日だけは特別、女から告白してもいい日なの」という性格づけが秀抜だったのだ。

当時青山学院大学のアルバイト学生だったメリーの現会長・原邦生《はらくにお》氏は、隣の化粧品売場でハート形のケースを見つけ、これにチョコを流しこんでハート形にして売った。▽7 折しも女性週刊誌の創刊ラッシュが始まり、その誌上広告が女→男の図式を決定的にした。

当時、告白を受けた男は笑みを噛みころし、即答を避けるのが習わしだったらしい。返答の日は一ヵ月後の三月一四日に設定された。いつ誰が設定したのか。一九七三年の不二家である。二月一四日と三月一四日が同じ曜日（この年は水曜日）になり、デートの予定を立てやすいことも思惑にあったろう。不二家はチョコも売るが、看板商品はミルキーだ。イエスの返答にミルキーを贈ろう、というキャンペーンだから、その日をホワイト・デーと名づけた。▽8

こういういきさつだから、欧米人にバレンタイン・デーは通じても、ホワイト・デーは通じない。

ミルキーだけでは儲けが薄いせいだろうか、ミルキーと一緒にアップル・パイを贈ることも提案された。なぜパイか。そりゃ3.14といったらπ《パイ》でしょう。ここらへんはもう完全に学生のノリである。そう、一九七〇年代、バレンタイン・デーもホワイト・デーも、学生、それも中高生の文化として広まった。卒業を間近に控えた中高生が、あこがれの先輩に告白したい、あとひと月でもう会えなくなってしまう[14]。今しかない。お菓子屋さんもよく乙女心をつかんだね。

現今は、ミルキーもパイも主流ではなく、ホワイト・チョコレートが主流だ。さて、ここで生物学。ココアとチョコレートの原料であるカカオ豆[15]は、胚乳に五五パーセントもの油脂分を含むが、ココアの製造過程で、油脂の多くをカカオバターとして分離する。焙煎したカカオ胚乳の色・味・香り・薬効の大部分を担うポリフェノール（テオブロミン、カフェインを含む）は、カカオバターではないほう（カカオケーキという）に残るから、カカオバターにミルク・砂糖を加えてつくるホワイト・チョコレートは、茶色いチョコレート（カカオケーキとカカオバターとミルクと砂糖を、職人が秘伝の割合で調合する）とはだいぶ違った製品になる（図8-4）。

ペット（イヌ・ネコ）にチョコレートを与えてはいけない。食肉目はテオブロミン

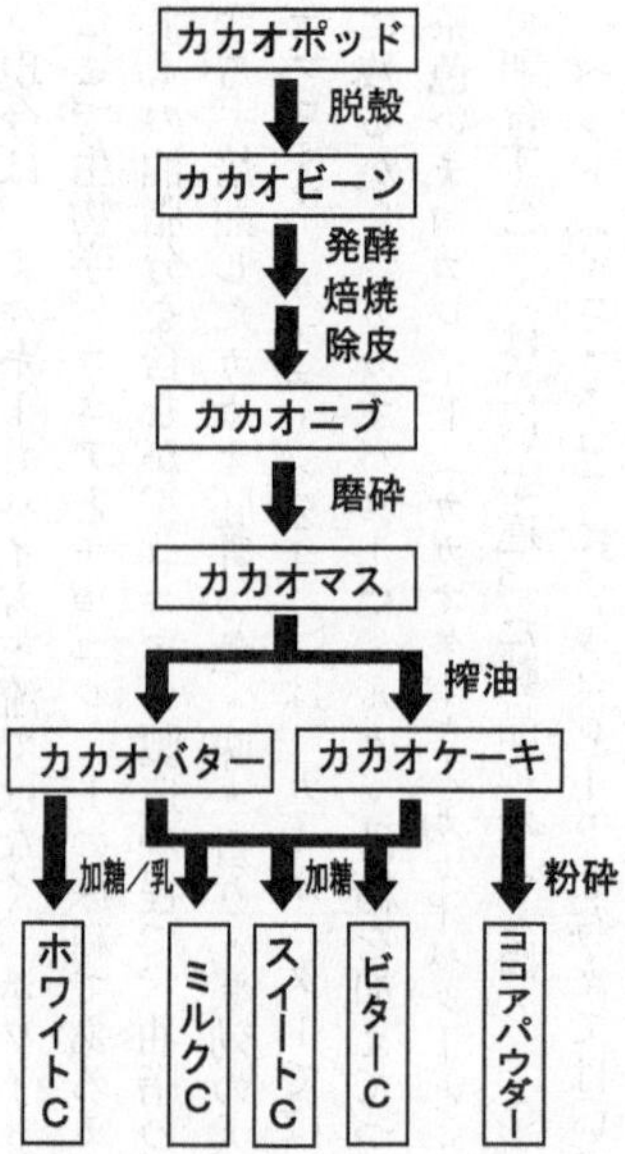

図 8-4　チョコレートの製造工程

を代謝できないため、中毒症状を起こし、場合によっては死んでしまう。[16] 以上の理屈でいえば、ホワイト・チョコレートなら大丈夫なはずだが、試してもし中毒を起こしても、責任はとれません。

鍋料理

今日の話題は、季節の食べ物だったっけね。寒い季節は「鍋」が恋しい。

君たちは、どんな鍋が好きかな？　しゃぶしゃぶ？　豪勢だね。湯豆腐？　いいね、伝統的だ。さっき説明したように、豆の利用は仏教とのかかわりが深い。湯豆腐は京都の禅寺の名物だ。今、南禅寺門前の料亭の湯豆腐定食には、刺身も天ぷらもつくけれど、本家はほんとに豆腐だけを昆布だしで煮る。▽9 お坊さんじゃないんだから、それだけじゃ寂しいよね、というのでタラを入れると鱈ちりになり、フグを入れるとてっちりになる。▼17 エビを入れるとエビチリって、それは別の料理か。それから？　鶏の水炊き？　うん、定番だね。もつ鍋？　それは新顔だね。私が学生のころにはなかった。というふうに、なんでもいい、ありあわせのものでできるのが鍋のよさ。食器も取り皿一つですむ。一つ鍋を大勢で囲むところに鍋の醍醐味がある。それなのに、最近牛丼屋が一人客向けの鍋を売り出して、しかもそれが流行っているらしい▼18。

こうした共食《きょうしょく》文化は、世界中にある。▽10 中国の火鍋《ホーグオ》、フランスの火鍋《ポトフ》(pot au feu)、スイスのフォンデュ(fondue)、ドイツの一つ鍋《アイントプフ》(Eintopf)、朝鮮半島のチョンゴル(전골)。

数人で鍋を囲むと、必ずその中から一人、仕切る人が現れる。その人を鍋奉行《なべぶぎょう》というが、フランス人の知人に聞いても同じだという。鍋ではないが、共食という点では共通な米国のバーベキューでも同様。網奉行《グリルマスター》だ。

これはサル時代から受け継いだ習性らしい。限られた食物を最適に(公平にとはかぎらない）配分するのは、リーダーの権威なしにはできないことで、集団内での順位を確認し、社会の秩序維持を図る重要な儀式なのだ。

高崎山《たかさきやま》（大分市）のニホンザルのC群（約七〇〇頭）では、今年（二〇一四年）ゾロメが第一〇代のボス位に就いたが、餌場を取り仕切っているのはメスのミルサーで、ミルサーが実質のボス、ゾロメは名誉ボス的な存在だという（ただし、ミルサーはゾロメの毛づくろいをするなどして、顔を立ててはいる）[▽11]。会社の忘年会・新年会では、課長の権威を背に負った係長が鍋奉行を務める。

解説1　豆の七変化▽12

仏教では肉食を禁じた。少なくとも建前上は。だからといって、タンパク質を摂《と》らないと坊さんも生きてゆけない。そこでタンパク源として重用されたのが大豆だ。

大豆種子の可食部乾燥重量のじつに三六パーセントがタンパク質である。だから（少なくとも表向き）肉食禁止の仏教圏では、大豆が貴重なタンパク源になった。「一汁一菜」の汁は味噌汁でなくてはならない。清《すま》し汁ではタンパク源にならないからだ。しかし、生の大豆は「毒」で食べられない【解説2：ピーとナッツ】。そこで仏教文化圏の民族は、大豆を熱や微生物で無毒化したさまざまな加工食品を開発し、発達させてきた。

まず生大豆を加水・磨砕した汁（呉《ご》）を加温・濾過してえた豆乳をゆっくり加熱し、汁表面に張った熱変性タンパク質の膜をすくいとる。これが湯葉《ゆば》である。豆乳を加温しながらニガリ（海水を濃縮して塩をえた残り液）を加えてイオン変性（塩析）も合わせ行うと豆腐になる。

塩析とは、タンパク質中のグルタミン酸、アスパラギン酸残基を二価イオン（Mg^{2+}、Ca^{2+}）で架橋し、網目状の構造をつくらせることで、最近の豆腐工場ではグルコン酸とグルコノラクトンによる酸変性も補助的に行うことが多い（凝固剤と書かれている）。

大豆種子には油脂分も多い（乾燥重量の二〇パーセント）。種子は、卵同様もともと次世代の個体をつくるためのものだから、細胞膜の材料としての油脂は必ず含まれているわけだが、大豆にはとくに多い。したがって、絞れば油が採れる。それが大豆油である。現在の日本の食用油は、アブラヤシ油（パーム油）と菜種油と大豆油で八割超を占める。

豆腐を「やあ、また会ったね」とばかり、油に放りこむと、油揚げができる。揚げ種の中に野菜や海草を混ぜておくとがんもどき（ひりょうず）になる。がんもどき＝鴨肉に似せたもの、という呼称自体が、仏教文化＝精進料理を傍証している。

微生物による発酵で大豆の「毒」物質を分解し、可食化した食品の代表が、納豆・味噌・醤油だ（加熱も行っている）。

よく「豆を型に納めたのが本来の納豆で、豆を腐らせたのが本来の豆腐だが、中国から日本に伝来したとき入れ替わった」という俗説がきかれるが、それは冗談である。中国でも豆腐は豆腐、納豆は納豆。寺院の蔵（納所《なっしょ》）でつくったから納所豆《なっしょとう》、略して納豆《なっとう》という。

味噌は、米味噌、麦味噌というから、米、麦が主原料だと勘違いしている向きがあるが、主原料はあくまで大豆だ。大豆を発酵してくださるコウジカビ様の餌（デンプン）として、米を使ったのが米味噌、麦を使ったのが麦味噌。その味噌の上澄み液が醤油（たまり醤油）。

本文でもふれたが、ダイズを英語で soy bean と呼ぶが、soy とは日本語の「醤油」の音訳だから soy bean とは「醤油豆」の意味である。

出島のドイツ人医師エンゲルベルト・ケンペル（1651-1716）は、醤油をとても気に入り、一六九二年、大豆を故国に持ち帰るとき、そう名づけた。ドイツ人だから Sojabohne《ゾヤボーネ》 だな。

彼は将軍綱吉に二度も謁見しており、歌と踊りを披露したりした。彼の残した『日本誌』（原題 Heutiges Japan ＝今日の日本）は「将軍夫人はスゲエ美人だ」など、鎖国日本の現況を世界に知らせる貴重な資料となった。[13]

解説2　ピーとナッツ

ピー（またはビーン）は豆の総称、ナッツは木の実の総称だから、落花生はピーであってナッツではない。トウモロコシも、もちろんナッツではない。なのに、市販の「ミックスナッツ」は、バタピーとジャイアント・コーンばっかりだ。ちゃんとナッツ入れろ。その「バタピー」も、バターは全然使ってない。ピーナッツバターにもバターは入ってない。わあ、なんという言葉の乱れだ、どうしてくれる。いやいや、チョウチョだってバターと関係ないのに、バター蠅[19]って呼ぶのだ。そこはいわないのが大人のお約束なのだよ、昔から。

ピーとナッツは、生《な》りどころだけでなく、成分も違う。たとえば、ピーはマメ科植物の種子[20]だから、種子が発芽して育つ際の栄養資材としてのでんぷん・脂質・タンパク質も、当然豊富に含まれているが、素材ではなくそれ自体固有の機能をもつタンパク質も、多種含まれている。

その一つがトリプシン・インヒビター。動物の膵臓から分泌される消化酵素トリプシンを阻害する。それからアミラーゼ・インヒビター。でんぷん分解酵素アミラーゼを阻害するタンパク質だ。その結果、これらのタンパク質を生で(不活性化しないままで)食べると、消化が妨げられて腹痛・下痢を起こす。つまり毒である。また、レクチンと総称されるタンパク質も含まれていて、細胞の表面にある糖鎖に結合して、細胞を凝集させてしまう。これも毒である。β-グルコシダーゼという酵素も含まれていて、エグ味物質をつくり出す。毒ではないがマズい。

これらはなんのためにあるのか、といえば、もちろん動物に食べられないように、だろう。しかし、タンパク質は加熱すれば変性して機能しなくなる。だからピーは生で食べたら毒でも、煮れば無毒化する。マメ科植物は、ヒトが火を使えることまで考えが及ばなかった。惜しいっ。

ナッツ（多くはブナ科植物の種子、他科のものもある）には、そうした毒はない。だから、リスやクマは煮炊きをしなくてもドングリを食べられる。ナッツの親だって子を食べられたくはなかろうに、なぜマメのように毒を備えなかったのか。それはよくわからない。シブで不味化を図ったり、イガや堅い殻で保護したり、いろいろ試みてはいるものの、現実にリスに食べられちゃうのだから効果は薄いようだ。一説では、リスやクマは木の実を冬眠用に地面に穴を掘って貯蔵するが、埋めた場所をたいてい忘れてしまうのだという。だから、一部は食べられても、多くは無事芽を出すのだ、ってホントかしら。

解説3　メンデルの法則▽14

現代遺伝学の知識でメンデルの法則を説明し直すと、次のようになる。

エンドウの豆（実質部は子葉）は成熟とともに葉緑素分解酵素が働いて緑色を失い黄色くなる。

エンドウ受精卵のもつ二組のゲノムのうち、父方か母方かどちらか一方でもこの酵素が正常なら、豆に葉緑素は残らず、豆は黄色くなる。だから黄豆が優性である。

豆のデンプンは直鎖のアミロースと分枝のあるアミロペクチンの混合だが、アミロペクチン合成酵素の活性がないと、アミロースばかりになって保水力が下がり、乾燥すると皺が寄る。ゲノムの一方でも活性があれば皺にならない。だから、丸豆が優性である。

生物学を学ぶ者はくどいほど聞かせられることだが、優性／劣性というのは雑種第一代に優先的に表れるか隠されるかということであって、性能が優良か劣悪かということではない。実際、育種上取り上げたい有用な性質は、劣性であることが多い。

たとえば、フジッコの「うぐいす豆」は、完熟エンドウ使用で着色料不使用と謳っている。前記のようにうぐいす色は、劣性の形質である。それが世の中ではいまだに誤って理解されていることが多く、「うちの娘に、ダンナの劣性な性質が出て困ってるの」などと誤用されるのは、残念である。本当に遺伝学的に劣性の性質なら、ダンナとヨメの両方にその遺伝子がないかぎり表れない。だから、ダンナだけのせいにはできない。

メンデルの dominant《ドミナント》/rezessiv《レツエッシーフ》 は顕性／潜性とでも訳すべきであり、痛恨の誤訳といえる（二〇一七年、日本遺伝学会もそのように決議した）。

独立の法則については、葉緑素分解酵素遺伝子は一番染色体、アミロペクチン合成酵素遺伝子は五番染色体の上にあるので、それぞれ独立で干渉し合わないことも確かめられた。

なお、ひところ、メンデルの着目した七つの形質が、エンドウの七本しかない染色体にすべて分かれて乗っているのはあまりに偶然すぎる。メンデルは自分に不都合な結果を恣意的に隠蔽したに違いない、という捏造疑惑がもち上がったが、さらに調べ直してみるとそうでもなく、豆の丸／皺と莢色の緑／黄は同じ五番染色体の上にあった。だから、豆の丸／皺と莢色の緑／黄は連鎖して、独立の法則は成り立たないはずである。しかし、メンデルはその組み合わせを試していない。

それはズルいか。そんなことはない。法則を引き出すとき、7×6÷2＝21通りの組み合わせすべてを確かめなくてはならないわけではない。いくつかの組み合わせを試した実験結果から法則を見抜いたのであって、むしろその眼力を讃えるべきだろう。

たまたま、豆の丸／皺と莢色の緑／黄の組み合わせを試さなかったのは、単に運が良かっただけである。もし「試したが不都合なので除いた」のだとしたら、莢色の緑／黄を最初の七つの形質から外しておいたはずであり、メンデル捏造説はあたらない。

ところで、メンデルの追跡した七つの形質のうち、責任遺伝子が決定しているのは、じつはまだ三つしかない。この豆の緑／黄と、豆の丸／皺と、草丈の高／低（責任遺伝子は、植物ホルモンのジベレリン合成酵素の一つ）である。たとえば花の赤／白は、まだ遺伝子（産物タンパク）としてコレだ、と同定されていない。

まあ、今となっては科学史的な意味しかないので、研究者が熱心に同定を試みているわけではないためだが、教育的観点からは少々残念である。

注

▼1――太陰暦は太陰暦で便利な点もたくさんある。たとえば、夜空の月を見上げれば、今日が何日かカレンダーなしにもわかる。

▼2――最大一カ月ずれたところで閏月を挿入してリセットする。

▼3――縄文土器にダイズの圧痕がついている。

▼4――ドラえもんの舞台は東京都練馬区である。第一五巻『不幸の手紙同好会』で、のび太に不幸の手紙を出したスネ夫の住所が「練馬区月見台すすきヶ原3-10-5」と逆探知されている。劇場映画『STAND BY ME ドラえもん』も、舞台は練馬区（おそらく私の育った西武池袋線富士見台駅周辺）だった。

▼5――一つの花におしべとめしべがあるなら、ふつうはみな自家受粉するだろうと思うと、さにあらず。植物はおしべとめしべの成熟時期をずらしたり、自家不和合性というバリアを張ったり、あの手この手で自家受粉を避けている。

▼6――エンドウは、暑さに弱いので、秋まいて春収穫するのがふつう。寒い地方では春まいて初夏に収穫することもある。

▼7――これらの数字はメンデル『雑種植物の研究』（岩波文庫）による。

▼8――キク科植物、漢字で書くと顔剃菜《かほぞりな》。

▼9――こう書くとネーゲリが無能な意地悪男のように受けとられるかもしれないが、そんなことはない。細胞分裂を顕微鏡ではじめて観察し、染色体を発見した大学者である。

▼10――ちなみに、私はB型蟹座だから非常識でジコチューなのである。

▼11――否定的なデータがいくらかは発表されている。

▼12――A型を決める酵素（グリコシルトランスフェラーゼ：GT）は、第九染色体の上に実在する[▽15]。しかし待て。ABO血液型とは、赤血球表面のタンパク質に結合した糖鎖の末端が何かということである。デフォルトの末端はフコース（Fuc）で、これにN―アセチルガラクトサミン（Nag）を付加するタイプのGT（GTA）が働くとA型になり、ガラクトース（Gal）を付加するタイプのGT（GTB）が働くとB型になる。両親から両タイプのGTを受けとった人は両者半々できてAB型となり、どちらも受けとらなかった人はフコースのまま。これがO型。つまり、A型にするGTも、B型にするGTも、O型にする（不活性な）GTも、第九染色体の同じ場所（遺伝子座）にある。だから、仮に第九染色体上に性格を几帳面にする遺伝子があったとしても（神経分化に重要なレチノイド受容体がたしかに近くにあるが）、特定の血液型とは連鎖できない（図8-3）。

▼13――ローマ皇帝クラウディウス二世は、兵士が家族をもって士気の下がることを恐

れた。この違反でヴァレンティヌスは捕えられるが、彼は牢から看守の盲目の娘に信仰の言葉と手紙を送った。すると娘の目が開き手紙が読めた（奇跡は列聖の条件の一つ）。ここでの贈り物は男→女である。

▼14――これは三月に卒業する学事暦だからこそ成り立つ。欧米では六～七月卒業だからまだ時間がたっぷりあってダメ。韓国には、ホワイト・デーのさらに翌月の一四日に、フラれた男女が愚痴をこぼしつつ炸醤麺《ジャジャメン》を食べるブラック・デーがある。日本には一二月一四日にかたき討ちをするリベンジ・デーがあるが、少し起源が違う。[16]

▼15――カカオ豆といってもカカオノキはマメ科ではなく、アオイ科の植物。長さ三〇センチ、直径一〇センチにもなる大きな果実の中に多数の種があり、それがいわゆるカカオ豆。収穫後、約一週間発酵させる間に胚乳中のポリフェノールが重合して褐色化し、さらに焙煎すると、あのチョコレート色になる。[17]

▼16――『実況・料理生物学』に書いたように、テオブロミンはカフェインとごく近縁な物質で、脳の「プリン受容体」を阻害して薬効を表す。ネコはチョコをやっても食べないからまだいいが、イヌは飼い主に義理立てして差し出されれば食べるから、飼い主が気を配るべし。

▼17――フグは「当たると死ぬ」ので「鉄砲」のあだ名がある。てっちりは鉄砲のちり鍋、てっさは鉄砲のさしみである。フグ毒は第4講の解説3でふれたようにテトロドト

キシン。低分子で、煮ても焼いても失活しない。摂取すると筋肉の活動を止めて呼吸を止める。脳には入らないので意識は終始明瞭に保たれる。

▼18——大鍋をつつき合う食事法は明治後半以降の形式で、江戸期の料理屋に鍋料理はなく、明治初年の牛鍋も、一人一鍋ずつだったらしい（浅草『駒形どぜう』に今も残る形式）。とすると、最近の牛丼屋の一人鍋は先祖返りともいえる。[▽18]

▼19——中世欧州には、魔女は蝶に化身してミルクやバターを舐めるという伝説があり、蝶は「バターを求めて飛ぶ虫」と名づけられたという。しかし、バターにとまる蝶も、桜の花から花へとまる蝶も、私は見たことがない。

▼20——種子にもいろいろなタイプがあるが、イネの種子（米だ）の可食部が胚乳であるのに対し、ピーの可食部は子葉で、胚乳はない（だから「無胚乳種子」という）。双子葉植物だから子葉は二枚あるわけで、ピーはパカッと二つに割れる。その点は多くのナッツも同じで（ココナッツは違う）、可食部は子葉だから、やはり二つに割れやすい。

単行本あとがき

今回の文庫化に当たって、単行本の第8講「論文の話」を本書の第5講「お刺身の話」に差し替えた。しかし、ここには単行本のあとがきを再録する。

本書のタイトル「お皿の上の生物学」には、二つの意味がこめられています。一つは、お皿の上の料理についての生物学。もう一つは、生物学自体を料理してお皿の上に載せちゃう試み。

もう少し説明が要りますね。

私が勤務する大阪大学には、「基礎セミナー」という新入生向けの科目があります。受験勉強の目標を達成したあと、目標を再設定できないでいる（いわゆる「五月病」に感染しつつある）学生に、学びの面白さを伝え、高校生までの受動的な「被教育」から能動的な「自己教育」に転換させることを目的としたリモチベーション（再動機づけ）のための科目です。テーマは、各教員の専門分野でもいいし、余技でもいい、内容より学びの愉しさを教えなさい、という科目です。そこで私は、二〇〇一年から二〇〇五年まで「料理生物学入門」というセミナーを開きました。そのコンセプトが、この「お皿の上の生物学」でした。

まず第一にお皿の上の料理について生物学をする。実験(つまり調理)をしながら、いま鍋の中、フライパンの上で起きている出来事を解説する。生物学というより、雑学・エピソード・トリビアですが、自分でいうのも不体裁ながら、結構好評をえました。料理ほど身近なイベントはない(一日三回出会うわけですから)うえ、料理ほど身近な科学体験はないことに気づいたからでしょう。つい先日まで、教科書の中の世界、試験勉強の対象でしかなかった「科学」が、いま自分の周囲の至るところにころがっているということを、あらためて実感できたからでしょう。

第二に生物学を料理する。私はこのセミナーとは別に、正課の生物学の講義も担当していますが、そこでは純正統的に、生体分子の構造から説き起こし、それらの相互作用・化学反応を解説し、細胞の機能から組織・器官の機能に発展させ、個体の営みに編み上げる、という体系的な議論を展開します。しかし、講義をしながら、どうも議論が上滑りしてしまう、学生が再び教科書の中の世界に引っ込んでしまう、という歯がゆさを毎年感じていました。そこで、そういう「学問体系」を崩してみたらどうか、まず自分の近傍から説き起こし、逆に分子のほうへ広げていく、そういうやり方はできないものかと考えていたのです。そうした実験授業は、正課の講義ではできません（もし失敗したら受講生は災難ですから）。でも、このセミナーならできます。結局、成功したかどうかはわかりませんが。

本書は、そうした試みの記録です。第1講から第4講までは、さきに上梓した『実況・料理生物学』（大阪大学出版会、二〇一一）と同様、実際に行った講義の講義録です。しかし、第5講から第7講は、まだ講義していない講義計画に肉づけを施したものです。どういうことかというと、このセミナーは冒頭に書いたように「五月病予防薬」ですから、一学期の講義です。結局五年間ずっと一学期にやったわけですが、もし二学期に引き続き開講することになったら、こんなネタでやろうかなと二学期の季節に合わせて準備していた、そういう「未遂」の講義なのです。

第8講は、また少し性格が違います。「基礎セミナー」ではなく、理学部生物科学科の学生にむけて行っている学生実習の「レポートの書き方」指導の記録です（実際の教材に使う論文は、こんなのではなくて、本物の学術論文を使いますけれど）。

本書には、このように実際に行った講義の記録と、講義計画と、実習の記録とが混在していますので、文体をどう統一したらよいか悩みました。第5講から第7講をバーチャル会話体にすることも考えましたが、それもあまり正直ではないので、結局、講義録のほうを平叙文に直すことにしました。少々不自然な文体になってしまったのはそのためです。

前著のあとがきにも書きましたが、実際の講義は、実物の食品・商品・広告の提示や調理・試食、新聞記事・ウェブ記事などを動員したマルチメディアな授業でした。これらを文字に残すとなると、写真を載せたり、ウェブサイトなどから引用するには、企業に転載許可をお願いしなくてはなりません。しかし、それを願い出ると、多くの回答はノーで、許可をいただけなかったものは残念ながらここに収録できませんでした。私としては悪気など毛頭ない記述でも、どうも私の文章は行間にオチョクリが感じられるようで、企業や製品のイメージダウンになるらしいのです。まったく不徳の致すところとしかいいようがありません（ＯＫを出してくださった企業には、その寛容さに大感謝します）。読者諸賢には、ここできっともう一言あったんだろうなと、ご想像願います。その通りです。

築地書館の橋本ひとみさんには、遅れがちの原稿を辛抱強くお待ちいただいたうえ、私のあいまいな記述に丁寧な考証をしていただきました。心より感謝いたします。

毎度の悪癖ながら、下手な漢詩でオチをつけて結びとします。

厨前梧葉未衰頽　ちゅうぜんのごよういまだすいたいせず
忘幹惟枝累舐杯　みきをわすれえだをおもってかさねてはいをなむ
誰謂少年当易老　たれのいいぞしょうねんまさにおいやすしと

学難成故不愉哉　がくなりがたきがゆえにたのしからずや

（キッチンの窓から見える街路樹のプラタナスの葉は、まだ枯れ落ちていない。幹のことはしばらく措いて、枝葉についてあれこれ考えながら、ちびちびと杯をかさねる。「少年老い易く学成り難し」って誰が言ったんだ。少年はそう簡単に老いはしないし、学は成りがたいからこそ楽しいんじゃないか。七絶平起上平声十灰韻頽杯哉。）

お粗末さまでした。

二〇一五年五月十五日

小倉明彦

厨前梧葉

文庫版あとがき

二〇一五年に単行本として上梓した『お皿の上の生物学』が角川ソフィア文庫に入ることになって、著者としてはビビりました。角川ソフィア文庫といえば『万葉集』などの古典や『遠野物語』などの名著が並び、拙著などを入れたら品格が激落ちしてしまうと、心配したのであります。また、編集者氏は実は実物を読んでいないのではないか、「阪大出前講座」という副題に惑わされて、「たぶんアカデミックな科学読み物だろう」と勘違いしたのではないか、と疑いもしました。すぐに「あの件、やめます」となるのではないか、と不安にも駆られました。ですので、編集者氏の気が変わらぬうちに、『お皿…』のうち、料理自体の話ではなかった最終章（単行本第8講）を、料理の話に差し替えて統一を図るなどしてちゃちゃっと作業してしまおうと、改稿にとりかかったのですが……。

テーブルマナーの話とか、有機農法の話とか書き始めましたが、実際に授業してない話は、どうしてもリズムに欠けるというか臨場感が出ないんですね。というわけで、阪大での講義ではないんですが、新章はやっぱり実際にやった講義をもとにすることにしました。文庫版第5講に挿入したお刺身の章がそれです。ちゃんとした調理師学校では、理論も教えるのですよ。ご了解くださったエコール 辻 大阪、辻日本料理マスターカレッジに感謝します。差し替えで消えたとはいえ、論文の話もどうぞよろしく。「サイエンス裏話」みたいな本を書くことがあったら、それに再録しましょう。まだそんな話はありませんけど。

KADOKAWAの大林哲也様、井上直哉様にはお世話になりました。築地書館の橋本ひとみ様、エコール 辻の八木尚子様、大引伸昭様にもご厚意をいただきました。どうもありがとうございました。

令和二（二〇二〇）年三月

著者

参考文献

【第1講】

▽1――Mariani & Leure-duPree, 1978, *J. Comp. Neurol.* 182: 821-837、長沼毅『Dr.長沼の眠れないほど面白い科学のはなし』中経出版　二〇一三
▽2――岩堀修明『図解・感覚器の進化』講談社ブルーバックス　二〇一一
▽3――小澤瀞司・福田康一郎監修『標準生理学・第八版』医学書院　二〇一四
▽4――本郷利憲他編『標準生理学・初版』医学書院　一九八五
▽5――常石敬一他『日本科学者伝』「池田菊苗」小学館　一九九六、宮田親平『科学者たちの自由な楽園』文藝春秋　一九八三
▽6――杉晴夫『栄養学を拓いた巨人たち』講談社ブルーバックス　二〇一三
▽7――鈴木榮一郎　二〇一一　化学と工業六三：五六〇―五六一
▽8――石川悌次郎『鈴木三郎助伝・森矗昶伝』東洋書館　一九五四
▽9――常石他『日本科学者伝』「大河内正敏」、宮田『科学者たちの自由な楽園』
▽10――理研ビタミン株式会社ＨＰ　二〇一五年五月十五日参照

▽11――オカモト株式会社HP 二〇一五年五月十五日参照
▽12――小学館『日本大百科全書』「リコー」一九九四
▽13――小宮豊隆「文学論・文学評論解説」夏目漱石全集第二期第9巻 岩波書店 一九七五、立花太郎 一九八五 化学史研究一九八五年：一六七-一七七
▽14――小澤・福田監修『標準生理学・第八版』
▽15――小澤・福田監修『標準生理学・第八版』
▽16――小林彰夫 二〇〇三 日本味と匂学会誌一〇：三-四
▽17――みんなの趣味の園芸（NHK出版）HP「植物図鑑」二〇一五年五月十五日参照
▽18――シーシーエス株式会社HP 二〇一五年五月十五日参照
▽19――栗原堅三『味と香りの話』岩波新書 一九九八
▽20――西條敏美『虹――その文化と科学』恒星社厚生閣 一九九九
▽21――伏木亨『人間は脳で食べている』ちくま新書 二〇〇五

【第2講】

▽1――榊田千佳子監修『ハーブティー大事典』学研パブリッシング 二〇一四
▽2――ブルース・アルバーツ他『Essential 細胞生物学・原書第三版』南江堂 二〇一一
▽3――和田昭允編『食品の抗酸化機能――21世紀の食と健康を考える』学会センター関西 二〇〇三

▽4――ヘルスケア未来研究所（富士フイルム株式会社）HP 二〇一五年五月十五日参照
▽5――高木伸一『たまご大事典』工学社 二〇一三
▽6――勝元幸久・田中良和 二〇〇五 化学と生物四三：一二二-一二六
▽7――Katsumoto et al., 2007, *Plant Cell Physiol.* 48: 1589-1600
▽8――アルバーツ他『Essential 細胞生物学・原書第三版』
▽9――Wildman, 2002, *Photosynth. Res.* 73: 243-250
▽10――Arbeloa et al., 2012, *Neurobiol. Dis.* 45: 954-961
▽11――Loewenfeld, 1941, *Br. Med. J.* 1: 26
▽12――アイトークタウン（株式会社メニコン）HP「目のトリビア」二〇一五年五月十五日参照
▽13――21世紀研究会編『国旗・国歌の世界地図』文春新書 二〇〇八
▽14――新村出編『広辞苑・第六版』岩波書店 二〇〇八

【第3講】

▽1――小澤・福田監修『標準生理学・第八版』
▽2――Buck & Axel, 1991, *Cell* 65: 175-187
▽3――岡希太郎『コーヒーの処方箋』医薬経済社 二〇〇八
▽4――武田尚子『チョコレートの世界史』中公新書 二〇一〇

▽5――伊藤博監修『珈琲の事典』成美堂出版 一九九八、田中重弘『ネスカフェはなぜ世界を制覇できたか』講談社 一九八八
▽6――小学館『日本大百科全書』「世界三大発明」
▽7――水野博之『誰も書かなかった松下幸之助』日本実業出版社 一九九八
▽8――スタンレー・コレン『犬と人の生物学――夢・うつ病・音楽・超能力』築地書館 二〇一四
▽9――Quignon et al., 2003, *Genome Biol.* 4: R80
▽10――Niimura et al., 2014, *Genome Res.* 24: 1485-1496
▽11――清水健一『ワインの科学』講談社ブルーバックス 一九九九
▽12――Takeuchi et al., 2013, *PNAS* 110: 16235-16240
▽13――Haze et al., 2001, *J. Inv. Dermatol.* 116: 520-524
▽14――株式会社マンダム 二〇一三年十一月十八日発行ニュースリリース
▽15――阿部峻之・東原和成 二〇〇八 日本生殖内分泌学会雑誌一三：五－八
▽16――Kitamura et al., 2009, *Cell* 139: 814-827
▽17――浅島誠・駒崎伸二『動物の発生と分化』裳華房 二〇一一
▽18――上山明博『白いツツジ――乾電池王・屋井先蔵の生涯』ＰＨＰ研究所 二〇〇九
▽19――Butenandt et al., 1961, *Hoppe Seilers Z. Physiol. Chemie.* 324: 71-83
▽20――Monti-Bloch et al., 1998, *J. Steroid Biochem. Mol. Biol.* 65: 237-242

【第4講】

▽1――Caterina et al., 1997, *Nature* 389: 816-824

▽2――McKemy et al., 2002, *Nature* 416: 52-58

▽3――ジョヴァンニ・カッセリ監修『古代エジプト』教育社　一九九六

▽4――社団法人日本冷凍空調工業会編『ヒートポンプの実用性能と可能性』日刊工業新聞社　二〇一〇

▽5――アルバーツ他『Essential 細胞生物学・原書第三版』

▽6――生命科学資料集編集委員会編『生命科学資料集』東京大学出版会　一九九七

▽7――ギャビン・D・スミス『ビールの歴史』原書房　二〇一四

▽8――巌佐庸他編『生物学辞典・第五版』岩波書店　二〇一三

▽9――Hodgkin et al., 1952, *J. Physiol.* 116: 424-448

【第5講】

▽1――Yamada, T., 1961, *Bull. Jpn. Soc. Scient. Fisher.* 27: 510-515

▽2――アルフレッド・S・ローマー&トーマス・S・パーソンズ『脊椎動物のからだ・第五版』法政大学出版局　一九八三

▽3――河野博・茂木正人監修・編『食材魚貝大百科・別巻1・マグロのすべて』平凡社　二〇〇七

▽4――多紀保彦・近江卓監修『食材魚貝大百科・第4巻』平凡社　二〇〇〇
▽5――鈴木たね子　一九七六　調理科学九：一八二－一八七
▽6――Ohta, S., 1980, 油化学 29: 469-488
▽7――多紀保彦・武田正倫・近江卓ほか監修『食材魚貝大百科・第1巻』平凡社　一九九九
▽8――主婦の友社編『料理実用大事典』「包丁」の項　主婦の友社　一九八一
▽9――Suda, Y., 1991, *Bull. Kitakyushu Mus. Nat. Hist.*, 10: 53-89
▽10――西内康浩　一九七四　水産増殖二二：一九
▽11――Murata, M. et al., 1991, *Toxicon* 29: 1085-1096
▽12――石井直方　一九九〇　実験医学八：五八－六一

【第6講】

▽1――上田恵介他編『行動生物学辞典』東京化学同人　二〇一三
▽2――D・W・マクドナルド編『動物大百科6「有袋類ほか」』平凡社　一九八六
▽3――塚谷裕一『スキマの植物の世界』中公新書　二〇一五
▽4――安部修仁・伊藤元重『吉野家の経済学』日経ビジネス人文庫　二〇〇二
▽5――小沢信男『悲願千人斬の女』筑摩書房　二〇〇四、茂木信太郎『吉野家』生活情報センター　二〇〇〇

▽6――志の島忠・浪川寛治『増補新版・料理名由来考』三一書房　一九九〇
▽7――岡田哲『とんかつの誕生』講談社選書　二〇〇〇
▽8――井上宏生『日本人はカレーライスがなぜ好きなのか』平凡社新書　二〇〇〇
▽9――向井由紀子・橋本慶子『ものと人間の文化史102・箸』法政大学出版局　二〇〇一
▽10――ヘンリー・ペトロスキー『フォークの歯はなぜ四本になったか』平凡社　二〇一〇
▽11――講談社編『私の英国物語――ジョサイア・ウェッジウッドとその時代』講談社　一九九六
▽12――堤邦彦『現代語で読む「江戸怪談」傑作選』祥伝社新書　二〇〇八
▽13――熊野谿従『漆のお話』文芸社　二〇一二
▽14――久保孝史・江口太郎　二〇一二　化学と工業六五：五三四－五三五
▽15――大阪大学編『大阪大学歴代総長餘芳』大阪大学出版会　二〇〇四
▽16――アルバーツ他『Essential 細胞生物学・原書第三版』
▽17――木村資生『生物進化を考える』岩波新書　一九八八
▽18――河合信和『ヒトの進化七〇〇万年史』ちくま新書　二〇一〇
▽19――Prüfer et al., 2014, *Nature* 505: 43-49
▽20――堀勇治　二〇一三　化学と工業六六：五四一－五四三

【第7講】

▽1――ケンタッキーフライドチキン（日本KFCホールディングス株式会社）HP「歴史あれこれ」二〇一五年五月十五日参照
▽2――21世紀研究会編著『食の世界地図』文春新書　二〇〇四
▽3――冨田虎男他編著『アメリカの歴史を知るための60章』明石書店　二〇〇〇
▽4――社史で見る日本経済史52『不二家』ゆまに書房　二〇一一
▽5――岡田哲編『世界たべもの起源事典』東京堂出版　二〇〇五
▽6――土井勝『日本のおかず五〇〇選』テレビ朝日　一九九五
▽7――アルフレッド・S・ローマー&トーマス・S・パーソンズ『脊椎動物のからだ・第五版』法政大学出版局　一九八三
▽8――Asara et al., 2007, *Science* 316: 280-285
▽9――小林快次・江口太郎『マチカネワニ化石』大阪大学出版会　二〇一〇
▽10――春成秀爾『「明石原人」とは何であったか』NHKブックス　一九九四
▽11――ジャレド・ダイアモンド『銃・病原菌・鉄』草思社文庫　二〇一二
▽12――猿谷要『物語アメリカの歴史』中公新書　一九九一
▽13――鎌田遵『ネイティブ・アメリカン』岩波新書　二〇〇九
▽14――原武史・吉田裕編『岩波 天皇・皇室辞典』「祝祭日」岩波書店　二〇〇五

▽15――大森由紀子『フランス菓子図鑑』世界文化社　二〇一三
▽16――高野麻結子編『世界の祝祭日とお菓子』プチグラパブリッシング　二〇〇七
▽17――高野編『世界の祝祭日とお菓子』
▽18――クリスマスおもしろ事典刊行委員会編『クリスマスおもしろ事典』日本キリスト教団出版局　二〇〇三
▽19――奥村彪生『日本めん食文化の一三〇〇年』農山漁村文化協会　二〇〇九
▽20――21世紀研究会編著『食の世界地図』
▽21――別冊太陽「太陽の地図帖22　郷土菓子」平凡社　二〇一三
▽22――志の島・浪川『増補新版・料理名由来考』
▽23――金田一春彦・池田弥三郎編『学研国語大辞典・第二版』「なます」学習研究社　一九八八

【第8講】
▽1――国立天文台編『理科年表・第88冊』丸善出版　二〇一四
▽2――小学館『日本大百科全書』「鬼門」
▽3――牧野富太郎『牧野日本植物図鑑・学生版』北隆館　一九八四
▽4――メンデル『雑種植物の研究』岩槻邦男「解説」岩波文庫　一九九九
▽5――福井希一・栗原佐智子編著『キャンパスに咲く花・阪大吹田編』大阪大学出版会　二〇〇八

▽6――山田晴通　二〇〇七　東京経済大学人文自然科学論集一二四：四一‐五六
▽7――原邦生『家族的経営の教え』アートディズ　二〇〇六
▽8――社史で見る日本経済史52『不二家』、ウィキペディア「ホワイトデー」二〇一五年五月十五日参照
▽9――「るるぶ京都ベスト」ＪＴＢパブリッシング　二〇一五
▽10――石毛直道『食の文化地理』朝日選書　一九九五
▽11――読売新聞　二〇一四年一月十七日記事
▽12――小泉武夫『発酵』中公新書　一九八九
▽13――松井洋子『ケンペルとシーボルト』山川出版社　二〇一〇
▽14――アルバーツ他『Essential 細胞生物学・原書第三版』
▽15――国立天文台編『理科年表・第88冊』
▽16――野口武彦『忠臣蔵』ちくま新書　一九九四
▽17――武田『チョコレートの世界史』
▽18――大森洋平『考証要集』文春文庫　二〇一三

本書は、二〇一五年九月に築地書館より刊行された
単行本を、加筆・修正のうえ文庫化したものです。
なお、第5講「お刺身の話」は書き下ろしです。

お皿《さら》の上《うえ》の生物学《せいぶつがく》

小倉明彦《おぐらあきひこ》

令和2年 4月25日　初版発行
令和6年 11月15日　再版発行

発行者●山下直久

発行●株式会社KADOKAWA
〒102-8177　東京都千代田区富士見2-13-3
電話　0570-002-301(ナビダイヤル)

角川文庫 22142

印刷所●株式会社KADOKAWA
製本所●株式会社KADOKAWA

表紙画●和田三造

●お問い合わせ
https://www.kadokawa.co.jp/ (「お問い合わせ」へお進みください)
※内容によっては、お答えできない場合があります。
※サポートは日本国内のみとさせていただきます。
※Japanese text only

ISBN 978-4-04-400542-9　C0145

角川文庫発刊に際して

角川源義

第二次世界大戦の敗北は、軍事力の敗北であった以上に、私たちの若い文化力の敗退であった。私たちの文化が戦争に対して如何に無力であり、単なるあだ花に過ぎなかったかを、私たちは身を以て体験し痛感した。西洋近代文化の摂取にとって、明治以後八十年の歳月は決して短かすぎたとは言えない。にもかかわらず、近代文化の伝統を確立し、自由な批判と柔軟な良識に富む文化層として自らを形成することに私たちは失敗して来た。そしてこれは、各層への文化の普及滲透を任務とする出版人の責任でもあった。

一九四五年以来、私たちは再び振出しに戻り、第一歩から踏み出すことを余儀なくされた。これは大きな不幸ではあるが、反面、これまでの混沌・未熟・歪曲の中にあった我が国の文化に秩序と確たる基礎を齎らすためには絶好の機会でもある。角川書店は、このような祖国の文化的危機にあたり、微力をも顧みず再建の礎石たるべき抱負と決意とをもって出発したが、ここに創立以来の念願を果すべく角川文庫を発刊する。これまで刊行されたあらゆる全集叢書文庫類の長所と短所とを検討し、古今東西の不朽の典籍を、良心的編集のもとに、廉価に、そして書架にふさわしい美本として、多くのひとびとに提供しようとする。しかし私たちは徒らに百科全書的な知識のジレッタントを作ることを目的とせず、あくまで祖国の文化に秩序と再建への道を示し、この文庫を角川書店の栄ある事業として、今後永久に継続発展せしめ、学芸と教養との殿堂として大成せんことを期したい。多くの読書子の愛情ある忠言と支持とによって、この希望と抱負とを完遂せしめられんことを願う。

一九四九年五月三日